U0385271

无人机摄影与摄像

人像、汽车、夜景、全景、直播、电影航拍全攻略

Captain（朱松华） 王肖一 ◎ 编著

第1集

第2集

第3集

第4集

第5集

第6集

第7集

第8集

第9集

第10集

第11集

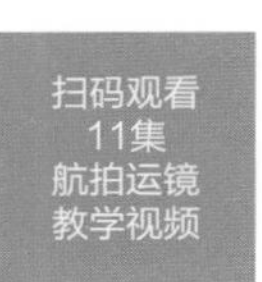

化学工业出版社

·北京·

内容简介

本书集结了两位航拍摄影师的经验，通过4篇内容：安全飞行篇+摄像进阶篇+专题摄影篇+后期制作篇，从无人机的入门、简单飞行和取景构图等开始讲解，循序渐进介绍了无人机一键短片、智能跟随、指点飞行、环绕飞行以及航点飞行等航拍技术，到人像航拍、汽车航拍、夜景航拍、全景航拍、直播航拍、延时航拍以及电影航拍等专题摄影，再到手机App修图、Photoshop修图以及Premiere剪辑视频等内容，都做了全面、详细的讲解。

本书适合：一是由爱好玩无人机转向学摄影的读者；二是由爱好摄影转玩无人机航拍的读者；三是因为工作需要，想深入学习航拍照片和视频的记者、摄影师等；四是可作为无人机航拍摄影类课程的教材，或学习辅导用书。

图书在版编目（CIP）数据

无人机摄影与摄像：人像、汽车、夜景、全景、直播、电影航拍全攻略 / Captain，王肖一编著．—北京：化学工业出版社，2021.6（2025.1重印）

ISBN 978-7-122-38802-5

Ⅰ．①无… Ⅱ．①C… ②王… Ⅲ．①无人驾驶飞机—航空摄影 Ⅳ．①TB869

中国版本图书馆CIP数据核字（2021）第053437号

责任编辑：李　辰　孙　炜　　　　装帧设计：异一设计
责任校对：李雨晴　　　　内文设计：盟诺文化

出版发行：化学工业出版社（北京市东城区青年湖南街 13 号　邮政编码 100011）
印　　装：北京宝隆世纪印刷有限公司
787mm×1092mm 1/16　印张 16 3/4　字数 400 千字　2025 年 1 月北京第 1 版第 10 次印刷

购书咨询：010-64518888　　售后服务：010-64518899
网　　址：http：//www.cip.com.cn
凡购买本书，如有缺损质量问题，本社销售中心负责调换。

定　价：98.00 元

版权所有　违者必究

序　一

航拍大咖们的推荐

作为一名资深航拍摄影师，机长制作了大量航拍摄影教程，从基础技术、安全飞行、航拍作品解析，到航拍延时稳定技法等全覆盖，帮助了很多飞友快速进步。现在，机长又将航拍摄影中会遇到的各种技术问题系统地整理成书，非常适合刚入门并且想进一步学习与提升飞行技术的朋友阅读，强烈推荐！

梁韦斌　自由摄影师、影像村创始人、8KRAW 签约摄影师

这是一本针对无人机航拍摄影师和航拍爱好者系统学习的好书，书中内容由浅入深，全面讲解了无人机的各种操作方法和航拍技巧，同时对后期修片和视频编辑制作也做了全面解读，是一本值得推荐的好书。

宋谷淳　中国摄影家协会会员、深圳市无人机航拍协会会长、世界无人机大会首届中国十佳航拍摄影师、首届世界无人机锦标赛航拍大赛评委、海峡两岸暨港澳地区无人机航拍创作大赛两届评委

我是 2016 年 4 月入坑航拍的，入坑前后看了机长发布的很多教程，记忆最深的是机长的“航拍镜头语言”，让我很快从地面摄影过渡到了航拍。

机长的这本新书全面总结了这些年航拍心得的干货，完全能将航拍小白一步步引导进阶到航拍高手。相信所有看完这本书并加以实践的读者，都能在航拍摄影上取得实质性的提高和突破。

陈声　“上海熠沣传媒”延时摄影总监、深圳无人机航拍协会理事、8KRAW 首批签约摄影师

本书有适合新手飞行安全与入门基础的详解介绍；有入门后需要提升的初、高级飞行技巧全面讲解；有大家外出快速出片时的各种智能模式介绍；还有航拍中各类拍摄专题与后期制作相关的内容，让高手进阶也不在话下。书中面面俱到的内容让你在每个航拍阶段阅读都能有所收获！

巫远飞 深圳飞友会发起人、8KRAW 签约摄影师、2018 深圳十佳风光摄影师

想提高无人机摄影摄像技能吗？想拍出引爆朋友圈的大片吗？想利用无人机从入门到精通吗？想拍出不一样的震撼大片吗？机长这本书里有你想知道的关于无人机的一切，赶紧学起来吧！

Ling（陈雅） 8KRAW.COM、影像村联合创始人，参与过多部广告片与电影的拍摄，并与上海电视台、安徽电视台等合作录制过节目及城市宣传片，上海城市宣传片《魔都魅影》获得上海市银鸽一等奖

序　二

用无人机的视角提高视界

作为一名全资质的无人机教员，我与很多人探讨过同一个问题，就是无人机航拍到底是飞行技术重要，还是拍摄技术重要？我得到的答案分为两派，各有争议。

其实，无人机作为一个飞行平台，能完成什么样的任务，取决于它搭载的设备，而航拍机所搭载的就是一台相机。也就是说，无人航拍机是可以远程操控的，它是一台插上了翅膀的相机。

如果只懂无人机的飞行，而不懂拍摄技术，那拍摄出来的画面可能缺少了灵魂。如果只懂拍摄构思，而缺乏无人机的飞行技术，那拍摄的构思可能很难实现。

所以，无人机航拍，飞行技术和拍摄技术同等重要。但是，如果一定要做一个排序的话，可能要先熟悉并掌握飞行技术，拥有安全飞行的意识，然后在此基础上逐渐掌握各种航拍运镜方式，这样才能拍出理想的摄影作品。

机长的这本教程，从无人机的掌控、参数的合理设置，到各种航拍的运镜手法以及后期剪辑等方面都有详细讲解，这也是我个人比较喜欢的教学方式。若是无人机的入门学习者，仔细研读并吸收、消化，加上大量的时间练习，完全能进阶为无人机航拍达人。

飞得安全，拍得漂亮，是无人机航拍永恒不变的主题。希望大家阅读本书都能有所收获，同时祝各位飞友早日出大片，用无人机的视角提高视界，改变看世界的角度。

秦松

玄风航空总经理、首席无人机教官
上海通航协会理事、上海车辆航模协会监事
AOPA 培训教官、UTC 航拍培训教官、ASFC 教官
中国民航 CAAC 无人机教官、UTC 慧飞全国明星教官
国内多家电影学院、新闻媒体等机构航拍教官、航拍指导

| 自　序 |

用无人机拍下美丽壮景

每个无人机爱好者都有一个飞翔的梦想，操控无人机仿佛化身鸟儿，飞上蓝天，冲上云霄，刹那间就打开了新世界的大门。穿行高楼大厦之间，记录城市发展的变迁；飞越山川河流上空，拍下祖国的美丽壮景。

我（大家习惯称为“机长”）拥有6年的无人机飞行经验，除了平时自己创作以外，也经常参与纪录片、电视剧和商业TVC等商业拍摄，积累了大量航拍的理论与实践经验。

在业余时间，我喜欢把自己航拍的经验和技巧在大疆论坛、B站（Captain带你飞）、抖音App（机长Captain带你飞）、微信公众号（Captain带你飞）等网络媒体进行分享，也多次受到无人机世界、POCO、上海人民广播电台和大疆上海新天地旗舰店等媒介与平台邀请作讲座，分享过的主题有《换个角度看世界》《航拍新境界，延时更出彩》《春夏秋冬——四季新天地》《航拍镜头语言知多少》《跟着机长用OP拍城市短片》《如何拍出高大上的航拍作品》《跟着机长鸟瞰上海》等，均受到广大飞友的大力支持和赞赏。

伴随着无人机影像创作能力的不断提升，这两年我也在中国无人机影像大赛中有所建树，《雪中姑苏》获得了2019年中国无人机影像大赛城市建设单元一等奖，《上海空城日记》获得了2020年中国无人机航拍影像大赛“疫情下的中国”单元最佳纪录短片奖项。

为了方便广大飞友交流，我还特意创建了九个地区的航拍摄影交流微信群（微信号：zhusonghua），每个区都有数百飞友入群，每天在群里交流各个地区的航拍习作、无人机法规和安全飞行等内容。群里也经常有飞友们提出的各种各样的问题，一旦有时间我都会在群里耐心解答，也将很多内容总结写入了这本书中。

如今无人机的价格越来越亲民，操作上手也不难，但要出作品却不易，想要出佳作更是难上加难，因此我为想要拍摄出作品的无人机爱好者量身打造了这本《无人机摄影与摄像：人像、汽车、夜景、全景、直播、电影航拍全攻略》，从前期的安全飞行，到摄像进阶，涵盖了大量航拍手法；然后又进阶介绍了不同的拍摄主题，让读者深入了解不同领域的航拍技巧；最后系统地讲解了后期制作。可以说，本书涵盖了无人机航拍影像的方方面面，是一本无人机航拍进阶的大全书。

这是我编写的第二本关于无人机航拍的书籍，比起第一本，本书内容更加细化，技巧也更加高阶。虽然书籍已经编著完成，但看着满屏的文字和配图仍不胜惶恐。作为非职业作家，我担心文字功底不够扎实；作为非职业影像从业者，我怕自己编写的内容不够权威。阅读本书时，如果书中某些观点您不认同或有疑惑，欢迎批评指正，我们共同交流，一起学习进步。

最后，感谢广大飞友的厚爱，没有你们就没有这本书的出版；也特别感谢好友以及摄影界大佬的推荐，从你们身上我也收获良多；还要感谢编辑和出版社，没有你们在背后的支持，机长心里的想法就无法汇总成文字展现给大家。真心希望大家的航拍摄影摄像都能上一个台阶，多出佳作，多多获奖，拍出具有自己特色的作品！

Captain 带你飞（朱松华）

目录
·CONTENTS

【第一篇　安全飞行篇】

【第二篇　摄像进阶篇】

【第四篇　后期制作篇】

第一篇

安全飞行篇

中国太平

第1章

10项无人机入门须知事项

学前提示

飞行无人机之前，需要掌握无人机相关的一些基础知识，如目前哪些无人机最受欢迎、了解无人机炸机的因素、熟知适合无人机飞行的环境、掌握DJI GO 4 App的使用技巧以及了解无人机起飞前的安全检查事项等，这样能够帮助我们更好地了解无人机，更安全地飞行与拍摄。

实例 1　目前哪些无人机最受欢迎

大疆是目前世界范围内航拍平台的领先者，先后研发了不同的无人机系列，如大疆精灵系列（Phantom）、悟系列（Inspire）以及御系列（Mavic），都是航拍爱好者十分青睐的产品。

1. 新手如何挑选无人机

作为一名无人机航拍新手，选购无人机时有以下几点建议。

① 追求性价比，可以选择大疆 Mavic Air 2，参考价格为 4999 元左右。

② 追求画质，预算充足，可以选择大疆 Mavic 2 Pro，参考价格为 9888 元左右。

③ 追求便携，预算有限，可以选择大疆 Mavic Mini2，参考价格为 2899 元左右。

④ 预算紧张，千元以内，可以选择大疆 Tello，参考价格为 700 元左右。

⑤ 如果是航拍电影、电视剧、商业广告等，可以选择购买大疆的悟（Inspire）系列。

⑥ 如果本身有一定的摄影基础，为了拓展职业技能而进入航拍领域，可以购买大疆的精灵系列与御系列。

2. 了解大疆的热门机型

下面对大疆系列无人机的热门机型进行简单介绍，以便帮助大家更好地选购无人机。

① 御系列 Mavic Air 2：它的机身重 570g，搭载了 1/2 英寸 CMOS 传感器，可拍摄 4800 万像素照片、4K/60fps 视频及 8K 移动延时视频，电池的续航时间长达 30 分钟。这款无人机性价比很高，如图 1-1 所示。

② 御系列 Mavic 2 Pro：它有全方位的避障系统，令普通摄影玩家也可以无所畏惧地遨游天空。它拥有 2000 万像素，能够拍摄 4K 分辨率的视频，并配备地标领航系统，具有更强大的续航能力，飞行时间可长达 30 分钟左右，如图 1-2 所示。

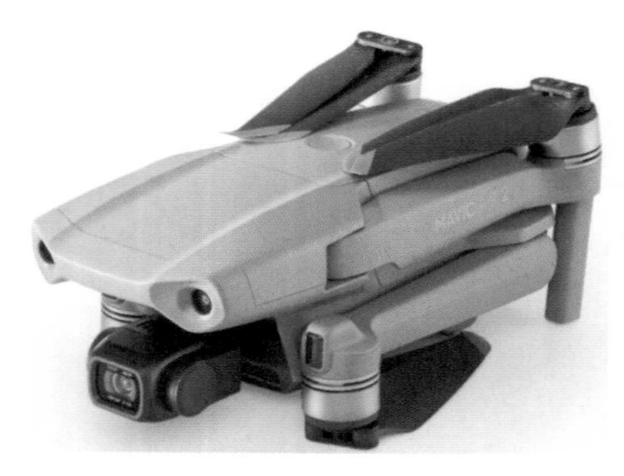

▲ 图 1-1　御系列 Mavic Air 2

▲ 图 1-2　御系列 Mavic 2 Pro

③ 御系列 Mavic Mini2：机身重量不到 249g，像御 Mavic 2 Pro 一样可以折叠，桨叶被保护罩完全包围，飞行时特别安全；1200 万像素能航拍出高清照片，还可以拍摄 4K 高清视频，内置多种航拍手法与技术，轻松一按就能拍出精美大片，如图 1-3 所示。

④ 精灵系列：大疆的精灵系列是一款便携式的四旋翼飞行器，引发了航拍领域的重

大变革。大疆推出的第一款无人机就是精灵，从一代开始，发展到现在的四代 Pro，由原来的入门级机型变成了准专业机型。虽然脚架不可折叠，但也是目前这款机器的优势，在恶劣环境下脚架可以作为起飞降落的手持工具，十分方便，如图 1-4 所示。另外，同为 1 英寸感光元件，精灵 4P 的夜景视频能力超过了同等价位的御 2 Pro。

▲ 图 1-3　御系列 Mavic Mini2

▲ 图 1-4　精灵系列

⑤ 悟系列：目前大疆悟系列的最新款是悟 2，具有全新的前置立体视觉传感器，它可以感知前方最远 30m 的障碍物，具有自动避障功能，机体装有 FPV 摄像头，内置全新图像处理系统 CineCore 2.0，支持各种视频压缩格式，其动力系统也进行了全面升级，上升最大速度为 6m/s，下降最大速度为 9m/s。如果是拍电影或商业视频，这款无人机拥有 DNG 序列和 ProRes 视频拍摄能力，是较好的选择，如图 1-5 所示。

▲ 图 1-5　悟系列

实例 2　开箱检查无人机设备是否完好

当我们拿到无人机后，首先要开箱检查。如图 1-6 所示，是御 Mavic 2 无人机及全能配件包的物品，摊开放在桌上，一样一样检查。

首先检查无人机的机身以及各配件的外观是否完整，有没有破损，如果无人机或配件有损伤，一定要及时联系售后解决问题，注意千万不能使用有问题或破损的无人机飞行，否则会有很大的安全隐患。下面介绍开箱检查无人机设备的相关事项。

▲ 图 1-6　御 Mavic 2 无人机及全能配件包的物品

① 检查机身：检查无人机机身的外观是否完好，是否有磕碰、破损的痕迹，无人机机身的螺钉是否有松动和异样，如果出现这些情况，要及时联系商家更换。

② 检查螺旋桨的桨叶：检查桨叶的外观是否正常，是否有弯折、破损、裂痕等。

③ 检查遥控器：遥控器也是一个非常重要的配件，主要检查天线是否有损伤，天线损伤会影响信号的稳定性，还要检查一下遥控器的摇杆是否在遥控器收纳位置里。

④ 检查云台相机：检查云台保护罩是否完好，云台相机镜片是否干净，是否有裂痕。

⑤ 检查电池：检查电池的外观是否有鼓胀或变形，是否有液体流出，如果出现这些情况，要及时联系商家更换，并对有问题的电池进行报废处理。

实例 3　固件升级能解决大部分飞行问题

无论哪一款无人机，都会遇到固件升级的问题，既然是系统设备，就会有系统更新，更新和升级系统可以帮助无人机修复系统漏洞，或者新增某些功能，提升飞行的安全性。在进行系统固件升级前，一定要保证电池有足够的电量，以免因断电使升级过程中断，导致无人机系统崩溃。

这里有一个细节需要注意，无人机的电池电量非常珍贵，因为它只能飞行 30 分钟左右，而固件升级是一个常态，经常需要更新和升级系统，而系统更新非常消耗电量，因此建议大家每次外出拍摄前先在家里至少开启两次无人机，检查系统是否需要升级，如果需要升级，则升级完成后给电池充满电再外出拍摄。

每次开启无人机时，DJI GO 4 App 都会进行系统版本的检测，界面上会显示相应的检测提示信息，如果系统是最新版本，则不需要升级，可以正常使用。如果系统的版本不是最新的，界面顶端会弹出红色的提示信息，提示用户可以升级的固件类型。如图 1-7 所示，提示飞行器与遥控器固件都需要升级，点击该红色信息内容，进入“固件升级”界面；如图 1-8 所示，在“固件升级”界面中详细介绍了更新的日志信息和相关注意事项，点击“开始升级”按钮，然后按照界面提示信息进行固件升级操作即可。

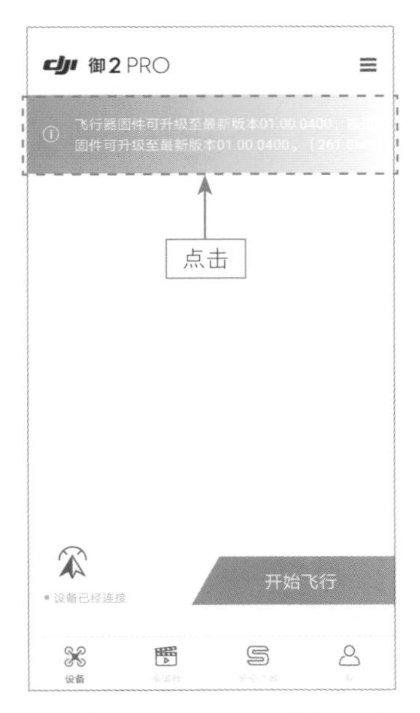

▲ 图 1-7　点击红色信息内容

▲ 图 1-8　点击“开始升级”按钮

【经验分享】固件升级也不是马上更新就是最好的，大疆新固件推出的时候虽然解决了一部分问题，同时也增加了新功能，但有时候也会增加新的问题，所以比较理想的做法是观望一阵子，等一段时间固件稳定了再进行更新会比较理想。

实例 4　如何解决指南针受干扰问题

在起飞无人机之前，当指南针受到干扰后，DJI GO 4 App 左上角的状态栏中会以红色显示指南针异常的信息提示，如图 1-9 所示，提示用户移动飞机或校准指南针。此时只需按照界面提示重新校准指南针即可。

▲ 图 1-9　显示指南针异常的信息提示

进行指南针校准，应尽量在没有电磁干扰的绿地内进行校准。在建筑物（包含地下建筑物）上方和钢筋结构附近校准指南针时，会引起校准失败，影响飞行安全。

实例 5　解析无人机炸机的多种因素

新手刚购入一台无人机的时候，拿在手上的心情是激动的，很想出去试飞一下，体验一把飞拍的魅力，但此时最担心的就是炸机，毕竟花了上千、上万元买回来的无人机，万一失手炸机，那何止一个“心疼”所能描述。鉴于上述原因，下面介绍一下容易引起炸机的风险因素，希望能帮助大家降低航拍风险，减少不必要的损失。

1. 飞行中 GPS 信号突然丢失

【经典案例】一个飞友在飞行无人机的时候 GPS 信号突然丢失，该怎么办？

【经验分享】画面中提示 GPS 信号弱，可能是当时的飞行环境对信号有干扰。当无人机的 GPS 信号丢失后，无人机会自动进入姿态模式或者视觉定位模式，这时一定要保持镇定，轻微调整摇杆，以保持无人机的稳定飞行，然后尽快将无人机驶出干扰区域，当无人机离开干扰区域后，GPS 信号就会自动恢复。对于新手来说，遇到这种情况最佳的处理方法是手动返航。因为 GPS 丢失，自动返航无法起作用，大家切记不要依靠自动返航来挽救无人机。

2. 图传画面突然无显示

【经典案例】一个飞友将无人机飞入高空，正在航拍照片的时候图传画面突然无显示，黑屏了，这时该怎么办？

【经验分享】当图传画面无显示时，根据图传最后的画面显示，首先目视寻找无人机，看是否能在天空中找到无人机，如果能够找到，可以手动控制无人机返航；如果找不到，可能是被一些高大建筑物遮挡了，可以尝试拉升无人机几秒，看图传画面是否能恢复，或者根据最后图传的位置移动我们的位置向无人机靠近，以便避开障碍物，尝试使无人机恢复图传。个别情况下，图传画面黑屏是因为 App 卡顿导致的，这时只要重新启动 DJI GO 4 App 或者重启手机，即可恢复图传画面。

3. 不要在城市 CBD 高楼之间飞

【经典案例】一个飞友刚买无人机不久，想在城市的高楼大厦之间飞一圈，拍一下漂亮的玻璃幕墙。未多加考虑，他就把无人机飞到了 CBD 高楼之间，悲剧的是刚飞没多久，无人机突然撞到玻璃幕墙直接掉下来了。

【经验分享】在 CBD 高楼间飞行，玻璃幕墙很容易影响无人机的信号接收，在室外飞行的时候，无人机是依靠 GPS 卫星定位的，一旦信号不稳定，无人机在空中就会失控，特别是穿梭在楼宇间，有时候看不到无人机，通过图传屏幕只能看到前方的情况，上下左右都无法看到，这时如果无人机的左侧有玻璃幕墙，而飞手在不知道的情况下将无人机向左横移，就很容易撞到玻璃幕墙，从而导致炸机。

可以在 DJI GO 4 App 中开启“启用前 / 后视感知系统”功能，开启无人机的避障功能，如图 1-10 所示，当无人机在飞行中检测到障碍物时，将会自动悬停。注意，虽然御 2 配备了左右单目视觉传感器，但只能在三脚架和智能飞行模式下发挥作用。

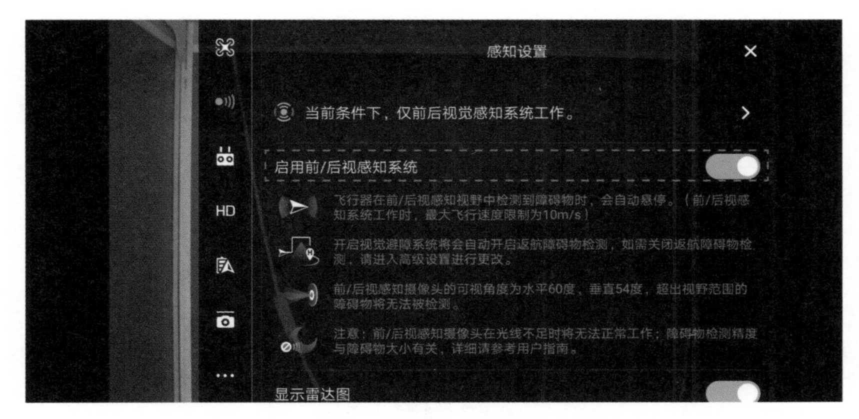

▲ 图 1-10 开启“启用前 / 后视感知系统”功能

4. 不要在有高压线的地方飞

【经典案例】一个朋友想航拍自己居住的小区，就在小区的某块空地上直接起飞了无人机，在上升的过程中只听“砰”的一声，无人机直接掉下来了。事故发生后他才仔细环顾了一下无人机上升的环境，发现有几根高压线，没有其他障碍物，因此此次事故应该是无人机碰到高压线，直接炸机了。

【经验分享】有高压线的地方不适合飞行，而居民楼的小区里一般都有很多的高压线，飞行环境并不理想。高压电线对无人机产生的电磁干扰非常严重，离电线越近，信号干扰越强；而且如果不小心触碰高压线，就会非常危险，所以拍摄时尽量避免在有高压线的环境飞行，以降低炸机的风险。另外高压线比较细小，无人机自身的避障功能很难监测感应到，图传屏幕中也很难发现，建议飞行前实地踩点考察，检查飞行环境中是否有高压线塔。

5. 刚起飞不久螺旋桨直接射出去了

【经典案例】一个飞友在飞行无人机的时候，刚上升不到 5 米，桨叶就直接射出去了，导致无人机在空中失去平衡，直接掉下来了。

【经验分享】这个案例告诉我们，在起飞前一定要检查螺旋桨的桨叶是否扣紧了。特别是无人机借给别人用，拿回来的时候一定要检查。上螺旋桨时，精灵 3 的自紧桨也一定要上紧，精灵 4 和悟的快拆桨也一定要仔细检查一下。“空中飞桨”的案例在大疆论坛上也经常看到，飞行之前一定要检查好，降低炸机风险。

6. 起飞时总是提示指南针异常

【经典案例】在起飞无人机的时候，屏幕上总提示指南针异常，需要校正，当校正过后 1 分钟不到，又提示指南针异常，遇到这种情况该怎么办？

【经验分享】当时我让他拍下了无人机周围的环境，观察发现无人机的周围有很多铁栏杆，这会对无人机的信号和指南针校正造成干扰，如果在异常的情况下起飞，对无人机的安全有很大的隐患。考虑环境因素影响，我建议这位朋友换一个比较空旷、干净的地方起飞无人机，这时校正后就不再提示指南针异常了。因此，四周有铁栏杆和信号塔的地方也不适合飞行。

实例 6　哪些环境适合无人机飞行

飞行无人机的环境十分重要，比如哪些环境能飞，哪些环境不能飞，一些特殊环境怎样飞更安全，这些都需要掌握。只有对环境有足够的了解，才能正确、安全地飞行好无人机。下面主要对适合无人机飞行的环境和区域进行介绍。

1. 乡村环境，远离喧嚣，风景也好

乡村的环境非常好，人也没有城市里那么多，相对来说飞行无人机的安全系数会高很多。在乡村环境中最好选择一大片空旷的地方飞行，这样的地方不仅人少、房子少、树木少，而且架设的电线也少，检查四周的环境后确定安全再起飞。

2. 高山山区，云雾缭绕，可以俯拍

山区的风景非常美，如果无人机控制得好，能拍出很多令人震撼的场景，获得惊人的视觉效果。在山区飞行时，建议带一块平整的板子，让无人机在板子上起飞，这样可以保证无人机的安全，因为山区的碎石和沙土比较多，如果直接从沙地上起飞，会对无人机造成磨损。

3. 海边航拍，蓝天白云，风光无限好

海边是很多人向往的地方，水清沙幼，所以很多海景照片也非常唯美。用无人机也可以拍出海边的美景，以上帝的视角来捕捉画面，给人一种全身心的舒适感。如图 1-11 所示，是在巴厘岛海边航拍的风光美景。

▲ 图 1-11　在巴厘岛海边航拍的风光美景

4. 森林公园，水景居多，适合俯拍

公园中修建有许多水上小径，弯曲环绕，成为园景中的亮点，对此可以使用无人机垂直 90° 俯拍。不建议贴近公园中的水面、湖面进行拍摄，这样会对无人机的飞行带来安全隐患，如果一定要在水面飞行，建议飞得高一点。另外，节假日的时候最好不要去公园航拍，因为节假日游客非常多，容易发生第三方人身伤害。

实例 7　掌握 DJI GO 4 App 的使用技巧

无人机与手机连接成功后，进入图传飞行界面，了解 DJI GO 4 App 图传飞行界面中各按钮和图标的功能，可以帮助我们更好地掌握无人机的飞行技巧。在 DJI GO 4 App 主界面中，点击“开始飞行”按钮，即可进入无人机图传飞行界面，如图 1-12 所示。

▲ 图 1-12　无人机图传飞行界面

下面详细介绍图传飞行界面中各按钮的含义及功能。

①主界面：点击该图标，将返回 DJI GO 4 App 的主界面。

②飞行器状态提示栏飞行中（GPS）：在该状态栏中，显示了飞行器的飞行状态，如果无人机处于飞行中，则提示“飞行中”信息。

③飞行模式Position：显示了当前的飞行模式，点击该图标，将进入“飞控参数设置”界面，在其中可以设置飞行器的返航点、返航高度以及新手模式等。

④ GPS 状态：该图标用于显示 GPS 信号的强弱，如果只有一格信号，说明当前 GPS 信号非常弱，此时强制起飞会有炸机和丢机的风险；如果显示有五格信号，说明当前 GPS 信号非常强，用户可以放心在室外起飞无人机设备。

⑤障碍物感知功能状态：该图标用于显示当前飞行器的障碍物感知功能是否能正常工作，点击该图标，将进入“感知设置”界面，可以设置无人机的感知系统以及辅助照明等。

⑥遥控链路信号质量：该图标显示遥控器与飞行器之间遥控信号的质量，如果只有一格信号，说明当前信号非常弱；如果显示五格信号，说明当前信号非常强。点击该图标，可以进入“遥控器功能设置”界面。

⑦高清图传链路信号质量HD：该图标显示飞行器与遥控器之间高清图传链路信号的质量，如果信号质量高，则图传画面稳定、清晰；如果信号质量差，则可能会中断手机屏幕上的图传画面信息。点击该图标，可以进入“图传设置”界面。

⑧电池设置84%：可以实时显示当前无人机设备电池的剩余电量，如果飞行器出现放电短路、温度过高、温度过低或者电芯异常，界面都会给出相应提示。点击该图标，可以进入“智能电池信息”界面。

⑨通用设置：点击该按钮，可以进入“通用设置”界面，在其中可以设置相关的飞行参数、直播平台以及航线操作等。

⑩自动曝光锁定AE：点击该按钮，可以锁定当前的曝光值。

⑪拍照/录像切换按钮：点击该按钮，可以在拍照与拍视频之间进行切换。当用户点击该按钮后，将切换至拍视频界面，按钮也会发生相应变化，变成录像机的按钮。

⑫拍照/录像按钮：点击该按钮，可以开始拍摄照片，或者开始录制视频画面，再次点击该按钮，将停止视频的录制操作。

⑬拍照参数设置：点击该按钮，在弹出的面板中可以设置拍照与录像的各项参数。

⑭素材回放：点击该按钮，可以回看拍摄过的照片和视频文件，可以实时查看素材拍摄的效果是否满意。

⑮相机参数ISO 100 Shutter 1/400 F 5.6 EV -1.3 WB 自动 5600K：显示当前相机的拍照/录像参数，以及剩余的可拍摄容量。

⑯对焦/测光切换按钮：点击该图标，可以切换对焦和测光的模式。

⑰飞行地图与状态：该图标以高德地图为基础，显示了当前飞行器的姿态、飞行方向以及雷达功能，点击地图图标，即可放大地图显示，可以查看飞行器目前的具体位置。

⑱自动起飞/降落：点击该按钮，可以使用无人机的自动起飞与自动降落功能。

⑲智能返航：点击该按钮，可以使用无人机的智能返航功能，能帮助用户一键返航无人机。这里需要注意，当我们使用一键返航功能时，一定要先更新返航点，以免无人机飞到其他地方，而不是用户当前所站的位置。

⑳智能飞行：点击该按钮，可以使用无人机的智能飞行功能，如兴趣点环绕、一键短片、延时摄影、智能跟随以及指点飞行等模式。

㉑避障功能APAS：点击该按钮，将弹出“安全警告”提示信息，提示用户在使用遥控器控制飞行器向前或向后飞行时将自动绕开障碍物。

实例 8　了解起飞前的安全检查与事项

飞行前可以按照以下顺序再次检查、开启无人机，确保起飞的安全性：

① 将无人机放在干净、平整的地面上起飞，千万不能在灰尘比较多的地方起飞，也不能在草地上起飞，否则会对无人机造成磨损；

② 取下相机的保护罩，确保相机镜头的清洁；

③ 检查螺旋桨是否有磨损，拨动电机是否旋转正常；

④ 检查无人机和显示设备电量，确保电量充足；

⑤ 先开启遥控器，然后开启无人机，正确连接遥控器与手机；

⑥ 等待无人机自检，点击 App 上方可以打开检查选项，逐一核对确保无误；

⑦ 检查 DJI GO 4 App 启动是否正常，图传画面是否正常，等待全球定位系统锁定；

⑧ 启动无人机后，观看电机和螺旋桨运作是否正常；

⑨ 起飞后，建议在附近先做热身工作，待无人机飞行稳定后再执行飞行计划；

⑩ 如果一切正常，就可以开始起飞航拍了。

实例 9　如何设置照片与视频拍摄参数

在航拍照片和视频之前，需要提前设置照片的拍摄模式，以及照片与视频的拍摄参数，熟练掌握相关设置方法，可以帮助我们拍出更多满意的航拍作品。

1. 设置照片的拍摄模式

使用无人机拍摄照片时，提供了 7 种照片的拍摄模式，包括单拍、HDR、纯净夜拍、连拍、AEB 连拍、定时拍摄以及全景拍摄，不同的拍摄模式可以满足日常不同的拍摄需求。拍照模式功能非常实用，是学习无人机摄影的基础。

在飞行界面中，点击右侧的“调整”按钮，进入相机调整界面，点击“拍照模式”选项，进入“拍照模式”界面，在其中可以选择多种拍照模式，如图 1-13 所示。

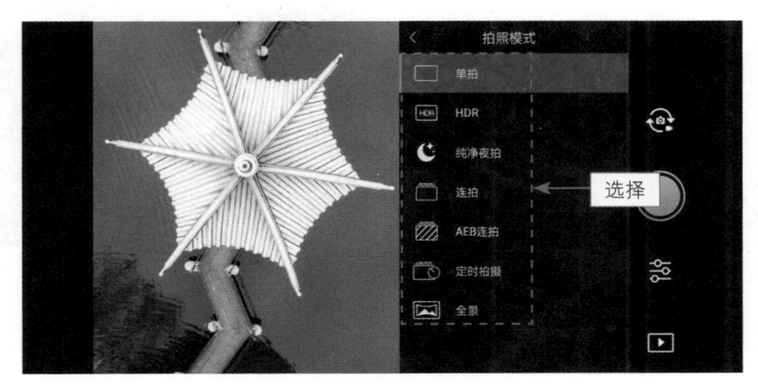

▲ 图 1-13　选择拍照模式

下面逐一介绍每种拍照模式的功能及含义。

① 单拍：是指拍摄单张照片，这是使用得最多的一种拍摄模式。

② HDR：全称是 High-Dynamic Range，是指高动态范围图像，相比普通的图像，HDR 可以保留更多的阴影和高光细节。

③ 纯净夜拍：可以用来拍摄夜景照片，这种模式拍摄出来的夜景画面很纯净，画质较高。在拍摄夜景的时候，建议使用该模式进行拍摄。

④ 连拍：是指连续拍摄多张照片。在“连拍”模式下，如果选择 3 选项，则表示一次连拍 3 张照片；如果选择 5 选项，则表示一次连拍 5 张照片。

⑤ AEB 连拍：是指包围曝光，有 3 张和 5 张选项可供选择，相机以 0.7 的增减连续拍摄多张照片，适用于拍摄静止的大光比场景。

⑥ 定时拍摄：是指以所选择的间隔时间连续拍摄多张照片，其中包括 9 个不同的时间可供用户选择。

⑦ 全景：这是一个非常好用的拍摄功能，可以拍摄 4 种不同的全景照片，如球形全景、180° 全景、广角全景以及竖拍全景。

2. 设置照片的拍摄尺寸与格式

使用无人机拍摄照片之前，设置好照片的尺寸与格式也很重要，不同的照片尺寸与格式对于照片使用的途径有很大影响，无人机中不同的拍摄模式可以得到不同的照片效果。下面介绍设置照片尺寸与格式的操作方法。

进入相机调整界面，选择“照片比例”选项，可以设置照片的尺寸；选择“照片格式”选项，可以设置照片的格式，如图 1-14 所示。新手用户可以选择 JPG 格式，分享更为方便；专业用户建议选择 RAW 格式，后期空间更大。

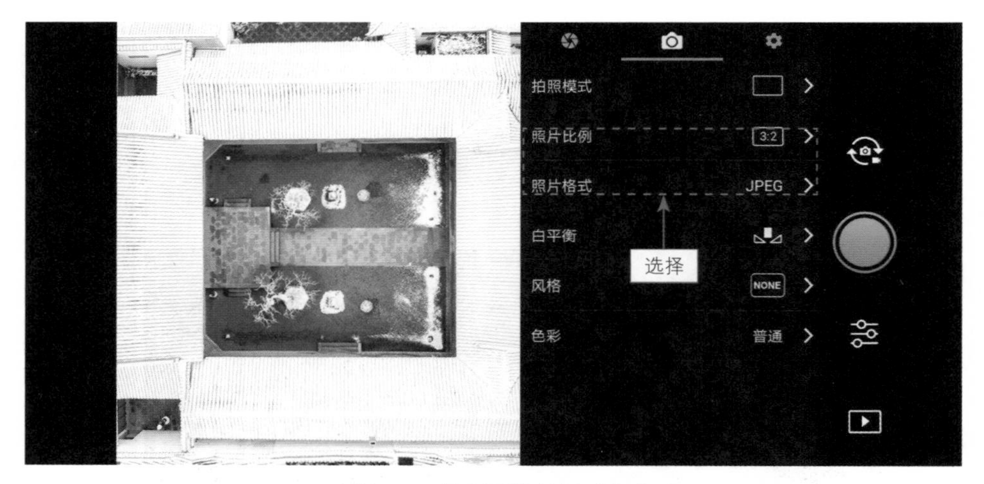

▲ 图 1-14　设置照片的尺寸与格式

3. 设置视频的拍摄尺寸

使用无人机拍摄视频之前，需要先对视频的拍摄尺寸进行设置，以便拍摄的视频文件更加符合用户的需求。下面介绍设置视频拍摄尺寸的方法。

首先切换至“录像”模式，点击右侧的“调整”按钮，进入相机调整界面，点击上方的“视频”按钮，进入视频设置界面，选择“视频尺寸”选项，进入“视频尺寸”界面，在其中可以选择视频的录制尺寸，如图 1-15 所示。

▲ 图 1-15　设置视频的录制尺寸

实例 10　如何安全起飞、暂停与降落

掌握了前面一系列的理论知识后，接下来重点介绍如何安全地起飞、暂停与降落无人机。首先准备好遥控器与飞行器，然后可以通过自动与手动两种方式来起飞与降落无人机，两种操控方式都可以试一试。当我们在空中飞行时，如果遇到紧急情况，还要学会如何紧急停机，确保无人机的安全飞行。本书所有飞行操作均以“美国手”为例进行讲解，下面介绍起飞、暂停与降落无人机的操作方法。

1. 无人机的起飞

进入 DJI GO 4 App 图传飞行界面，当校正好指南针后，状态栏中将提示“起飞准备完毕（GPS）”的信息，接下来我们通过拨动摇杆的方向来启动电机。

❶将两个操作杆同时往内摇杆，如图 1-16 所示，即可启动电机，此时螺旋桨启动，开始旋转；❷将左摇杆缓慢向上推动，如图 1-17 所示，无人机即可起飞，慢慢上升，当停止向上推动摇杆时，无人机将在空中悬停，这样就正确安全地起飞无人机了。

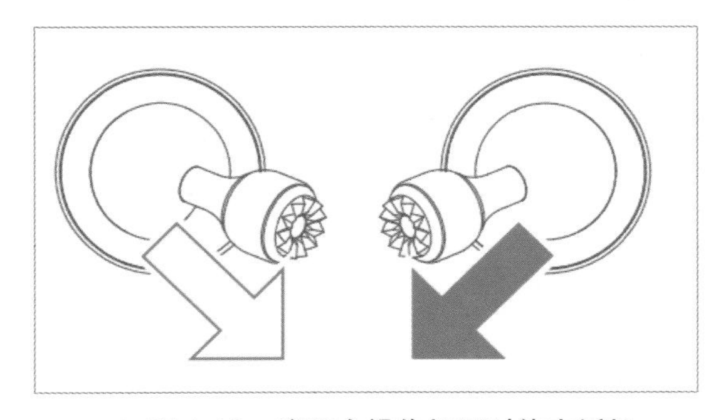

▲ 图 1-16　将两个操作杆同时往内摇杆

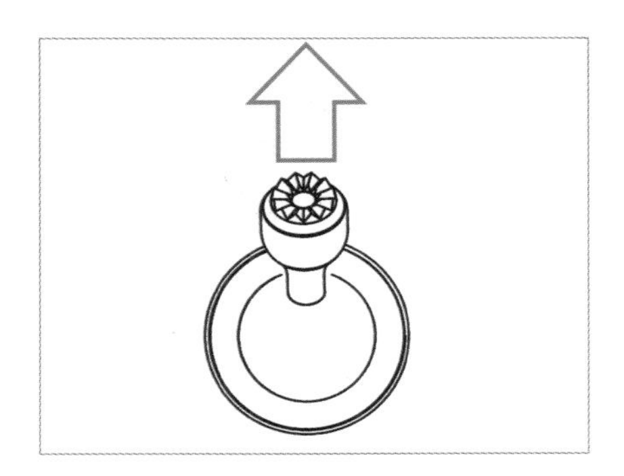

▲ 图 1-17　将左摇杆缓慢向上推动

2. 无人机的暂停

在飞行的过程中，如果空中突然出现了意外情况，需要紧急停机，此时可以按下遥控

器上的“急停”按钮，如图 1-18 所示，按下该按钮后，无人机将立刻悬停在空中不动，等安全的环境下再继续飞行操作。

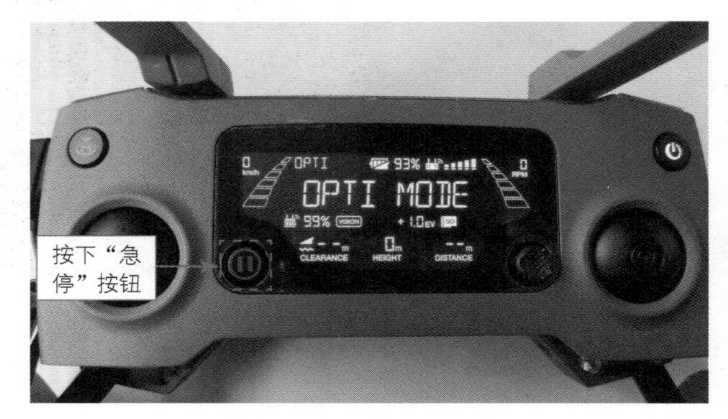

▲ 图 1-18　按下遥控器上的“急停”按钮

☆专家提醒☆

按下“急停”按钮后，飞行界面中将提示用户“已紧急刹车，请将摇杆回中后再打杆飞行”，这是需要特别注意的一点，等摇杆回中后再重新打杆，以免飞行方向发生偏差，引起无人机侧翻而炸机。

3. 无人机的降落

当飞行完毕后，开始下降无人机时，第一种方法可以将左摇杆缓慢向下推，如图 1-19 所示，无人机即可缓慢降落。当无人机降落至地面后，可以通过两种方法停止电机的运转，一种是将左摇杆推到最低的位置，并保持 3 秒后，电机停止；第二种方法是将两个操作杆同时往内摇杆，如图 1-20 所示，即可停止电机。

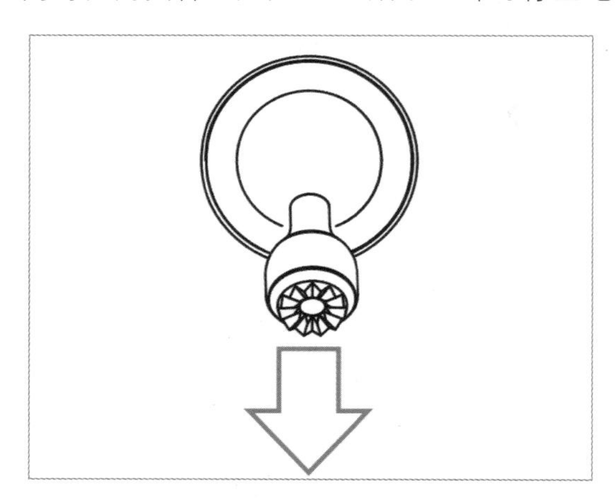

▲ 图 1-19　将左摇杆缓慢向下推

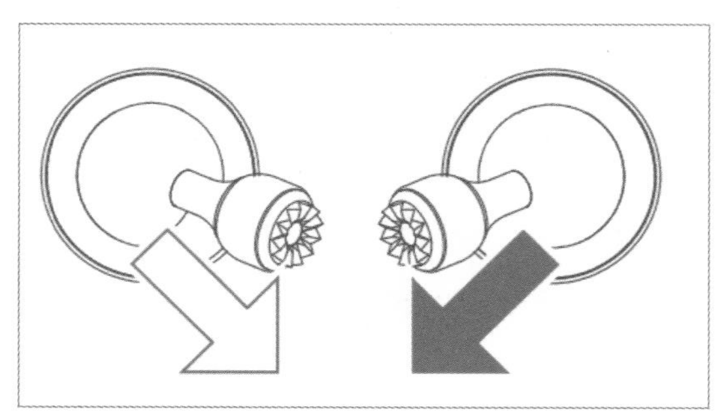

▲ 图 1-20　将两个操作杆同时往内摇杆

☆专家提醒☆

无人机在下降的过程中，一定要盯紧无人机，并将无人机降落在一片平整、干净的区域，下降的地方不能有人群、树木以及杂物等，特别注意不要让小孩靠近。在遥控器摇杆的操作上，启动电机和停止电机的操作方式是一样的。

第2章 19个简单飞行技法

学前提示

在航拍照片或视频之前，需要掌握一些基本的飞行技法，熟知多种镜头的语言，这样才能拍摄出满意的作品。本章主要介绍了拉升镜头、下降镜头、俯仰镜头、前进镜头、俯视镜头以及后退镜头的多种飞行技法，帮助大家熟练操控无人机飞行，轻松航拍各种不同视角的城市风光。

实例 11　拉升拍法：航拍建筑全貌

拉升镜头是无人机航拍中最为常规的镜头，无人机起飞的第一件事就是拉升飞行，只要将无人机起飞后，即可开始拍摄。拉升镜头是视野从低空升至高空的一个过程，直接展示了航拍的高度魅力。当我们拍摄建筑的时候，可以从下往上拍摄，全面展示建筑的全貌，如图 2-1 所示，这样的拉升镜头极具魅力。

▲ 图 2-1　拉升航拍建筑全貌

在航拍这段拉升镜头的时候，只需将左摇杆缓慢向上推动即可，无人机将慢慢上升，拍出整个建筑的全貌。详细的起飞操作可以参考第 1 章实例 10 的知识点。在上升的过程中，要注意观察一下无人机的上空是否有树枝、建筑等遮挡，如果有障碍物，要及时规避，寻找一个空旷的地方飞行。

实例 12　拉升向前拍法：航拍上海陆家嘴

在航拍拉升镜头的时候，如果开始时有前景遮挡，然后慢慢上升露出后面的大景，这样的效果也是非常吸引人的。如图 2-2 所示，无人机升高时前面有建筑物遮挡，越飞越高慢慢露出了后面陆家嘴的地标建筑，然后继续向上拉升的同时向前飞行，使陆家嘴地标越来越近，这样的效果也很震撼。

▲ 图 2-2　拉升向前航拍上海陆家嘴

在航拍这段拉升向前镜头的时候，具体操作如下。

❶将左摇杆缓慢向上推动，无人机将慢慢上升，越过前景，露出后面的地标建筑。

❷同时将右摇杆缓慢向上推动，无人机即可拉升向前飞行。

实例 13　拉升穿越拍法：航拍上海平流雾

有时候上海会有平流雾，可以采用拉升的镜头一直向上飞行，然后穿过平流雾，接下来就是镜头的高潮——显示上海“三件套”地标建筑，如图 2-3 所示。

▲ 图 2-3　拉升穿越航拍上海平流雾

按照目前国家针对无人机的管理规定，在视距范围内飞行无需证照，这个视距范围就是 500m 距离，120m 高度，一般的飞行设置在这两个数值范围内即可。如果操控无人机的水平较高，根据拍摄需求可以临时再加大一点飞行范围。

如果想设置更远的飞行距离，可以在“飞控参数设置”界面中点击“距离限制”右侧的按钮，进行相关的距离设置。

实例 14　拉升俯拍拍法：航拍郴州高椅岭

拉升俯视会让镜头画面越来越广，展示出一个大环境。拉升时无人机垂直向上飞行，逐渐扩大视野，然后慢慢俯视地面景物，画面中不断显示周围的环境，如图 2-4 所示。

航拍镜头语言——拉升俯拍镜头

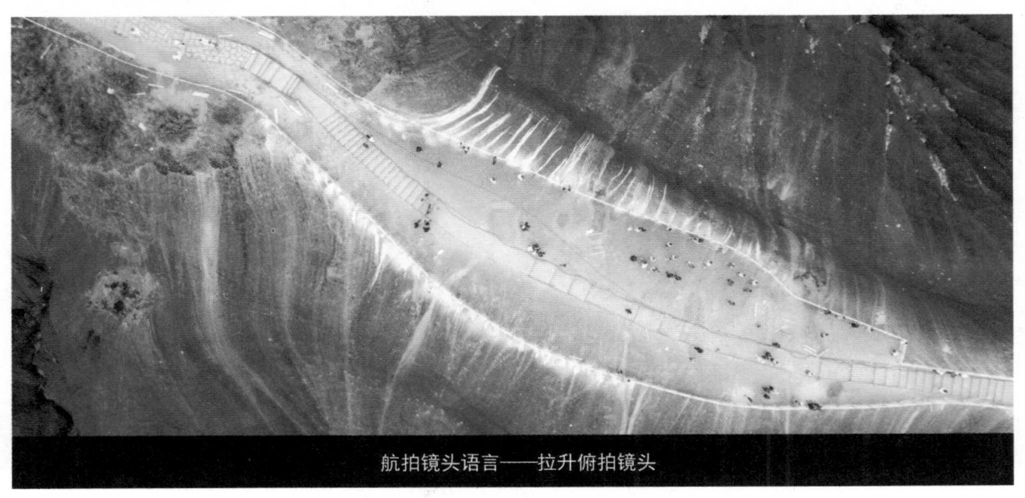
航拍镜头语言——拉升俯拍镜头

▲ 图 2-4　拉升俯拍郴州高椅岭

在航拍这段拉升俯拍镜头的时候，具体操作如下。

❶首先将左摇杆缓慢向上推动，无人机将慢慢上升。

❷左手食指拨动遥控器背面的“云台俯仰”拨轮，实时调节云台的俯仰角度到垂直 90°，即可完成这段镜头的拍摄。

实例 15　下降拍法：航拍广州大剧院

下降镜头适合从大景切换到小景，从全景切换到局部细节展示。

如图 2-5 所示，为使用下降镜头航拍的广州大剧院，无人机一直在下降，焦点落在广州大剧院正门口，如果这时有一些演员或者观众进入大剧院，这段航拍视频就更有故事感了。

▲ 图 2-5　下降拍法航拍广州大剧院

在航拍这段下降镜头的时候，具体操作如下。

❶首先将左摇杆缓慢往下推动，无人机将慢慢下降。

❷左手食指拨动遥控器背面的“云台俯仰”拨轮，实时调节云台的俯仰角度，将焦点对准广州大剧院的正门口，即可完成这段镜头的拍摄。

实例 16　下降俯仰拍法：航拍上海光明顶

无人机在下降的过程中，可以配合镜头的俯仰变化拍出一些特别的效果。

如图 2-6 所示，这段航拍视频将镜头对准了上海光明顶，无人机在下降时配合俯仰镜头的变化，呈现出光明顶的灯光特效，因为镜头慢慢抬起来了，所以显示了浦西的大环境背景，展现了上海的繁华夜景。

▲ 图 2-6　下降俯仰航拍上海光明顶

在航拍这段下降俯仰镜头的时候，具体操作如下。

❶首先将左摇杆缓慢往下推动，无人机将慢慢下降。

❷同时将右摇杆缓慢向上推动，无人机即可向前飞行，慢慢靠近光明顶。

❸左手食指拨动遥控器背面的“云台俯仰”拨轮，实时调节云台的俯仰角度，将焦点对准光明顶，拍摄出浦西大环境，即可完成这段镜头的拍摄。

实例 17　俯仰拍法一：航拍城市建筑群

俯仰镜头是指镜头的向上或向下运动，俯仰镜头很少单独使用，一般会结合其他的镜头组合拍摄，这里主要指飞行幅度不大的俯仰镜头。一般情况下，运用得最多的就是镜头向上运动，先从低角度的俯视或斜视开始，镜头慢慢抬起，展现视频所要表达的环境。

如图 2-7 所示，为拍摄的一段镜头向上抬起的视频画面，慢慢展现环境背景。

▲ 图 2-7　镜头向上抬起拍摄城市建筑群

在航拍这段俯仰镜头的时候，只需用左手食指拨动遥控器背面的“云台俯仰”拨轮，即可将镜头慢慢抬起，操作十分简单。

下面再展示一段俯仰镜头，如图 2-8 所示，镜头从俯视建筑的局部细节开始，拨动“云台俯仰”拨轮，慢慢抬起镜头，展现整个上海陆家嘴的环境背景。

▲ 图 2-8　从俯视建筑局部抬起镜头展现陆家嘴的环境背景

在俯仰镜头中，还有一种镜头向下运动的拍法，首先交代整个环境背景，再切换到拍摄主体上。如图 2-9 所示，这段视频就是先从环境入手，再将视觉焦点落在某个小区或某条街上，告诉观众这里将会发生一些有趣的故事。

▲ 图 2-9　镜头向下运动拍摄局部细节

实例 18　俯仰拍法二：跟拍汽车画面

俯仰镜头还可以用来跟踪快速移动的物体，如马路上行驶的汽车，无人机的飞行速度如果跟不上，就可以用镜头俯仰来跟踪拍摄。如图 2-10 所示，这段视频从斜视拍摄开始，直至镜头垂直 90° 朝下才结束画面。

▲ 图 2-10　俯仰跟拍汽车的画面

实例 19　俯仰下降拍法：航拍静安寺

俯仰下降镜头是指先以垂直 90° 俯视目标，然后慢慢下降无人机，再将镜头抬起，平视主体目标。如图 2-11 所示，是一段俯仰下降的镜头，下降过程中一直以静安寺为目标，最后平视航拍静安寺，前景中出现了塔吊，是画面的亮点。

航拍镜头语言——俯仰下降镜头

航拍镜头语言——俯仰下降镜头

▲ 图 2-11　俯仰下降航拍静安寺

在航拍这段俯仰下降镜头的时候，具体操作如下。

❶首先拨动遥控器背面的“云台俯仰”拨轮，调节云台的俯仰角度，朝下俯拍静安寺。

❷将左摇杆缓慢往下推动，无人机将慢慢下降。

❸在下降的过程中，同时拨动“云台俯仰”拨轮，将镜头慢慢抬起，直至平视静安寺。

实例 20　前进拍法一：无目标地向前飞行

前进镜头是指无人机一直向前飞行运动，这是航拍中最常用的镜头，主要用来表现前景。有一种前进航拍手法是无目标地往前飞行，主要用来交代影片的环境，只需将右侧的摇杆缓慢往上推，无人机即可一直向前飞行，展示航拍的大环境，如图 2-12 所示。

▲ 图 2-12　无目标地向前飞行航拍

实例 21　前进拍法二：对准目标向前飞行

对准目标向前飞行无人机的时候，拍摄对象就是目标本身，此时目标由小变大，由模糊变清晰，直至在观众面前清晰展示所拍摄的目标对象。

如图 2-13 所示，就是无人机一直向前飞行，镜头对准陆家嘴的三大地标建筑，离拍摄目标越来越近，使拍摄目标越来越清晰。

▲ 图 2-13　对准目标向前飞行航拍

实例 22　前进拍法三：让前景一层层出现

通常情况下都是高空航拍，观众对航拍环境一览无余，这样的前景拍摄手法过于单调。想让前景丰富，可以尝试低空飞行，此时需要飞手对飞行路线周围的环境比较熟悉。低空飞行时要有前景，紧贴前景飞行能让画面产生变化，不断有新的前景出现在观众眼前，可以增强视觉冲击力。如图 2-14 所示，为紧贴前景飞行的航拍镜头，让前景一层一层出现在观众眼前。

▲ 图 2-14　低空前进航拍，让前景逐层展现

如图 2-15 所示，再展示一段低空飞行的航拍镜头，让大家有更直观的体验。这段视频在拍摄时，向前飞行的同时拉升飞行，最后展示了一个大环境。

▲ 图 2-15　向前飞行的同时拉升飞行展示大环境

实例 23　前进拍法四：向前俯拍目标主体

向前飞行无人机的时候，可以不断降低云台的角度，一直对准拍摄目标，最后达到完全俯视的效果。

如图 2-16 所示，为拍摄的一段向前俯视的视频画面，靠近目标主体的时候云台缓慢朝下，直至最后垂直 90° 俯视目标。

▲ 图 2-16　向前俯拍目标主体

在航拍这段前进镜头的时候，具体操作如下。

❶首先将右摇杆缓慢向上推动，无人机向前飞行，慢慢靠近拍摄主体。

❷左手食指拨动遥控器背面的“云台俯仰”拨轮，实时调节云台的俯仰角度，将焦点对准拍摄主体，直至垂直 90° 俯视目标，即可完成这段镜头的拍摄。

实例 24　俯视悬停拍法：固定机位垂直朝下

俯视是真正的航拍视角，因为它完全 90° 朝下，在拍摄目标的正上方，很多人都把这种航拍镜头称为上帝的视角。俯视是完全不同于其他的镜头语言，因为俯视的视角特殊，很多人第一次看到俯视镜头的画面都会惊叹，被从空中俯视的特殊景致所吸引。

俯视航拍中最简单的一种就是俯视悬停镜头，俯视悬停是指将无人机停在固定的位置上，云台相机朝下 90° ，一般用来拍摄移动的目标，如马路上的车流、水中的游船以及游泳的人等，让低位的拍摄目标从画面一侧进来，然后从另一侧出去，拍摄的视频效果如图 2-17 所示。

航拍镜头语言——俯视悬停镜头

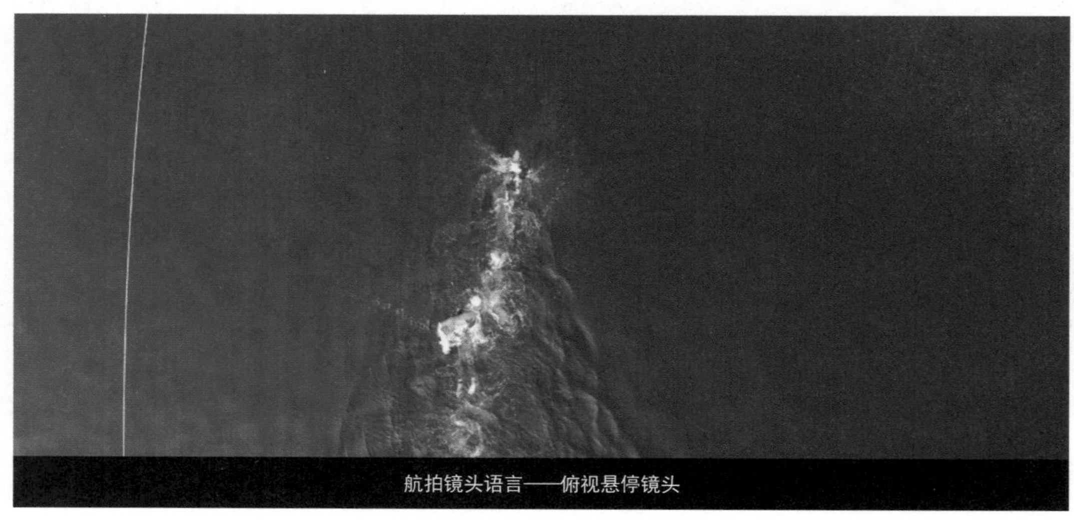
航拍镜头语言——俯视悬停镜头

▲ 图 2-17　俯视悬停航拍的效果

在航拍这段俯视悬停镜头的时候，只需将无人机上升到一定的高度，然后拨动“云台俯仰”拨轮，实时调节云台的俯仰角度到垂直 90° ，固定不动，然后开始拍摄即可。

实例 25　俯视拉升拍法：航拍城市马路夜景

俯视拉升会让镜头画面越来越广，展示一个大环境，拉升时无人机垂直向上升起，逐渐扩大视野，画面中也不断显示周围的环境，如图 2-18 所示。

▲ 图 2-18　俯视拉升航拍城市马路夜景

在航拍这段俯视拉升镜头的时候，具体操作如下。

❶首先拨动遥控器背面的“云台俯仰”拨轮，实时调节云台的俯仰角度到垂直 90°，朝下俯拍城市马路夜景。

❷将左摇杆缓慢往上推动，无人机将慢慢上升，呈现出俯视拉升的镜头，当视野越来越宽的时候，呈现在观众眼前的城市马路也慢慢变成了多条曲线。

实例 26　俯视向前拍法：航拍城市高楼大厦

俯视向前镜头是指无人机掠过要拍摄的目标，特别适合展示城市的高楼大厦，俯视时还可以贴着高楼飞过去，这样空间压缩感更强，如图 2-19 所示。

▲ 图 2-19　俯视向前航拍城市高楼大厦

在航拍这段俯视向前镜头的时候，具体操作如下。

❶首先将无人机飞至高处，拨动“云台俯仰”拨轮，实时调节云台的俯仰角度到垂直 90°，朝下俯拍城市高楼大厦。

❷将右摇杆缓慢往上推动，无人机将慢慢向前飞，呈现出俯视向前飞行的镜头，无人机不断掠过城市的高楼大厦，以上帝的视角来俯视城市的风光。

实例 27　俯视旋转拍法：航拍城市特色建筑

俯视旋转镜头是指无人机在俯视旋转的时候，再加上上升的飞行手法，使主体目标越来越远，场景越来越大，可以完整展示拍摄环境；或者俯视旋转的同时，加上下降的飞行手法，使主体目标越来越近，主体显示越来越清晰，加强画面的视觉效果，如图 2-20 所示。

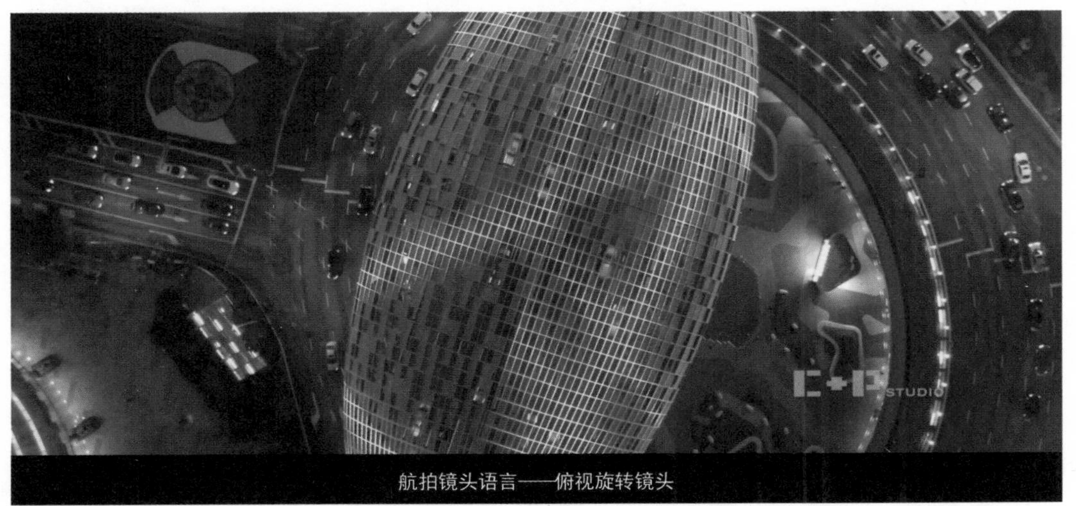

▲ 图 2-20　俯视旋转航拍城市特色建筑

在航拍这段俯视旋转镜头的时候，具体操作如下。

❶首先将无人机飞至空中，拨动“云台俯仰”拨轮，实时调节云台的俯仰角度到垂直 90°，朝下俯拍城市特色建筑。

❷将左摇杆缓慢往下推动，无人机将慢慢下降，呈现出俯视下降的镜头。

❸左摇杆往下推的同时，将左摇杆再向左或向右推一点，此时无人机将旋转下降，呈现出俯视旋转下降镜头的效果。

实例 28　后退拍法：航拍城市大桥

后退镜头俗称倒飞，是指无人机向后倒退飞行拍摄。后退镜头实际上是非常危险的一种运动镜头，因为有些无人机是没有后视避障功能的，也有些无人机在夜晚飞行时后视避障功能是失效的，这时后退飞行就十分危险，因为飞手无法确定无人机身后是否有障碍物。

机长第一次炸机就是在航拍一个后退镜头时，当时由于飞行方向判断失误，导致无人机撞到了建筑，损失了一架精灵 3。所以在单人操作无人机后退飞行的时候，一定要当心，需要特别注意无人机当前的方位，宁可旋转 180° 看清后面是否有障碍物，然后再拍摄后退镜头的视频画面。

后退镜头最大的优势是在后退的过程中不断有新的前景出现，从无到有，所以它会给观众一个期待，增加了镜头的趣味性。后退镜头的飞行手法很简单，只需将右遥杆缓慢往下推，无人机即可向后倒退飞行，如图 2-21 所示。

▲ 图 2-21　后退航拍城市大桥

实例 29　后退拉高拍法：展现一个大环境

后退飞行时还有一种常见的镜头，就是在后退的同时拉高飞行，展现拍摄目标所在的一个大环境。如图 2-22 所示，就是以后退拉高的手法拍摄的城市建筑风光，展现了当时拍摄的大场景。

▲ 图 2-22　后退拉高航拍展现一个大环境

在航拍这段后退拉高镜头的时候，具体操作如下。

❶将右摇杆缓慢往下推动，无人机将慢慢后退，呈现出后退的镜头。

❷将左摇杆缓慢往上推动，无人机将慢慢上升，呈现出后退拉高的镜头，航拍出当前所在的大环境背景。

第3章 16个高级飞行技法

学前提示

在上一章中，我们进行了19组简单飞行动作的训练，掌握这些基本的飞行技巧后，接下来还需要提升一下航拍技术，学习一些更高级的航拍镜头语言，如侧飞镜头、环绕镜头、旋转镜头、追踪镜头以及对冲镜头等，帮助读者拍出更具吸引力的视频画面。

实例 30　侧飞拍法一：航拍上海建筑全貌

侧飞是指无人机侧着往前飞行，通过侧飞或斜飞在观众面前展现城市侧向的风光，如同画卷般将城市环境展现在观众眼前。

如图 3-1 所示，是一段侧飞镜头，带了一点斜角，通过侧飞展现上海城市建筑风光。

航拍镜头语言——侧飞镜头

航拍镜头语言——侧飞镜头

▲ 图 3-1　侧飞航拍上海建筑全貌

在航拍这段侧飞镜头的时候，具体操作如下。

❶首先将无人机飞至主体对象的侧面，斜对建筑群。

❷右手同时向右、向前方拨动摇杆，使无人机向右前方直线飞行。

❸根据建筑的距离，在适当的时候控制右手向右和向前的舵量，保持无人机和建筑物之间的距离。

侧飞镜头与后退镜头相似，都是比较危险的航拍镜头，目前大部分无人机都有前视和后视避障功能，但两侧避障功能相对都比较薄弱。例如，精灵 4 Pro 的侧避障是红外线，在普通模式下是无法检测障碍物的，只有在三脚架模式下缓慢运动的时候才能探测到侧边的障碍物，一般情况下飞行的时候侧边就有撞墙、撞楼的可能。

实例 31　侧飞拍法二：航拍杨浦大桥中景

在航拍跨江大桥的时候，如果桥的形态很美，也可以采用侧飞镜头的手法进行拍摄，以中景的方式展现出来。如图 3-2 所示，拍摄这段上海杨浦大桥时，先看到杨浦大桥的一个局部，然后慢慢地再看到杨浦大桥的其他部分，使画面给人一种新鲜感。

▲ 图 3-2　侧飞航拍杨浦大桥中景

在航拍这段侧飞镜头的时候，只需用右手向左拨动摇杆，使无人机向左侧直线飞行，即可拍摄出杨浦大桥的侧面风光。

实例 32　侧飞拍法三：航拍南浦大桥近景

在航拍桥梁风光的时候，还可以以近景的方式展现跨江大桥的局部特效，使建筑显得更加宏伟、大气。如图 3-3 所示，拍摄这段上海南浦大桥时，从南浦大桥的拉索开始拍摄，侧飞过去露出南浦大桥字样，这时镜头画面就达到了高潮。

▲ 图 3-3　侧飞航拍南浦大桥近景

☆专家提醒☆

在航拍这段侧飞镜头的时候，飞行手法与上一例相同，只需用右手向左拨动摇杆，使无人机向左侧直线飞行即可。只是在飞行的时候一定要注意无人机的安全，因为无人机离南浦大桥比较近，如果飞行技术不是特别娴熟，建议不要贴近飞行，以免无人机撞到拉索，出现炸机的现象。

实例 33 侧飞拍法四：航拍环球金融中心

还可以采用倒叙侧飞的方式进行航拍，就是先拍摄当前的环境背景——上海陆家嘴，然后再慢慢转到拍摄目标上——对准环球金融中心的观光层，如图 3-4 所示。这种拍摄手法能很好地引出主体目标，将观众的视线由远拉近，落在环球金融中心的观光层上。

▲ 图 3-4 侧飞航拍环球金融中心

实例 34 环绕拍法一：航拍上海中心大厦

环绕镜头是指绕着目标进行圆周运动，俗称“刷锅”，相对来说是一个有高技术、高难度的飞行镜头。随着大疆推出智能飞行模式，环绕镜头的拍法变得十分简单，直接在智能模式下框选目标作为兴趣点，无人机在飞行时始终会对着目标进行环绕飞行。

环绕镜头的第一种方式就是圆周运动，只需设置好飞行距离和高度，绕着目标进行环绕运动即可，展现目标及目标所处环境时空的变化。如图 3-5 所示，拍摄这段环绕镜头时，无人机对准上海中心大厦进行环绕飞行，将上海陆家嘴的夜景展现得淋漓尽致。

▲ 图 3-5　环绕平视航拍上海中心大厦

在航拍这段环绕镜头的时候，具体操作如下。

❶将无人机上升到一定高度，相机镜头朝向前方，平视上海中心大厦。

❷向左拨动右摇杆，无人机将向左侧飞行，推杆的幅度要小一点，舵量给小一点。

❸同时左手向右拨动左摇杆，使无人机向右进行旋转，也就是摇杆同时向内打杆。

❹当侧飞的偏移和旋转的偏移达到平衡后，可以锁定目标一直在画面中间。

这里介绍的是手动打杆进行环绕飞行的操作方法，大家也可以使用智能飞行模式进行环绕拍摄，在后面的实例中会对相关操作进行详细介绍。

实例 35　环绕拍法二：航拍上海豫园夜景

当无人机进行环绕飞行的时候，需要根据相应场景选择合适的距离和飞行高度，还可以根据拍摄目标实时调整镜头的俯仰角度。如图 3-6 所示，在拍摄上海豫园的时候，将镜头俯视向下，然后进行环绕拍摄，多角度展现了豫园的夜景风光。

航拍镜头语言——环绕镜头

航拍镜头语言——环绕镜头

▲ 图 3-6　环绕俯视航拍上海豫园夜景

在航拍这段环绕镜头的时候，具体的飞行手法与上一例类似，只是在飞行前，需要将镜头朝下俯视主体目标，再进行环绕飞行。

如果是航拍新手，技术还不是特别熟练，建议尽量不要在夜间飞行，虽然无人机在夜间飞行会有闪灯可以帮助我们定位无人机在空中的位置，但因为夜间视线受阻严重，光线也不好，所以很难通过监视画面看清天空中的情况。

实例 36　环绕拍法三：航拍上海海关大楼

当无人机进行环绕飞行时，还可以改变无人机与目标主体之间的距离，即一边环绕一边靠近拍摄主体，使拍摄目标越来越近，细节显示越来越清晰。如图 3-7 所示，在拍摄海关大楼时，就是从远处开始环绕，慢慢贴近目标主体，更好地展现了海关大楼的近景。

▲ 图 3-7　环绕靠近航拍上海海关大楼

在航拍这段环绕镜头的时候，具体操作如下。

❶将无人机上升到一定高度，相机镜头朝向前方，平视上海海关大楼。

❷向左拨动右摇杆，无人机将向左侧飞行，推杆的幅度要小一点。

❸右摇杆向左推的同时，再将右摇杆往上推一点，此时无人机在进行侧飞的同时向前飞行。

❹同时向右拨动左摇杆，使无人机向右进行旋转，无人机在靠近目标的同时做出环绕动作。

实例37　环绕拍法四：航拍当代艺术博物馆

当无人机进行环绕飞行的时候，还可以改变无人机的高度，也就是一边环绕一边下降。如图3-8所示，拍摄上海当代艺术博物馆时，在环绕的同时降低了无人机的高度，先展现当代艺术博物馆周边的环境，然后一边环绕一边下降无人机的高度，可以看到整个上海的全貌。

▲ 图3-8　环绕下降航拍当代艺术博物馆

在航拍这段环绕镜头的时候，具体操作如下。

❶将无人机上升到一定高度，相机镜头朝向前方，平视当代艺术博物馆。

❷向右拨动右摇杆，无人机将向右侧飞行，推杆的幅度要小一点。

❸同时向左拨动左摇杆，使无人机向左进行旋转，也就是摇杆同时向外打杆。

❹左摇杆向左推的同时，将左摇杆靠下推一点，此时无人机在进行旋转的同时向下降落。

实例 38　旋转拍法：航拍奔驰文化中心

旋转镜头在实际拍摄过程中有一定的难度，它与环绕镜头的差别在于环绕镜头始终有明确的目标主体在画面中，操控也相对容易；而旋转镜头是要从无到有，航拍时需要精准掌控才能捕获吸引人的画面。

旋转镜头充满了未知的力量，观众不知道后面会出现什么样的画面。旋转镜头最简单的就是原地旋转，是旋转镜头中最简单的一种镜头语言，只需将无人机悬停在空中，然后用左手向左或向右拨动摇杆，无人机即可向左或向右进行旋转，开始环顾四周。

如图 3-9 所示，为拍摄的一段原地旋转镜头的画面，从右下角的梅赛德斯 - 奔驰文化中心开始向左旋转镜头，拍摄黄浦江和远方的上海地标。

▲ 图 3-9　原地旋转航拍奔驰文化中心

实例 39　上升旋转拍法：航拍陆家嘴地标

第二种旋转镜头是上升旋转，拍摄的时候带上一点前进的效果，可以使画面更加生动。在拍摄的时候，摄像头也可以控制上下俯仰的角度，拍摄远景或者对准拍摄目标。如图 3-10 所示，为在上海陆家嘴航拍的一段旋转镜头，旋转的同时带了一点上升的效果，随着无人机的上升旋转，黄浦江逐渐显露出来，展现在观众眼前。

航拍镜头语言——上升旋转镜头

航拍镜头语言——上升旋转镜头

▲ 图 3-10　上升旋转航拍陆家嘴地标

在航拍这段上升旋转镜头的时候，具体操作如下。

❶首先将无人机飞至空中，将左摇杆缓慢往上推，无人机慢慢上升。

❷左摇杆往上推的同时，将左摇杆再靠左推一点，此时无人机将向左旋转上升，慢慢呈现出黄浦江以及陆家嘴的地标建筑。

实例 40　前进旋转拍法：航拍上海卢浦大桥

前进旋转镜头是指无人机在前进的同时带一点点旋转的效果，让画面从一个角度变换到另一个角度。如图 3-11 所示，为拍摄的一段前进旋转镜头，这是某天夜晚在卢浦大桥拍摄的，无人机从一片建筑群开始拍摄，逐渐旋转过渡到卢浦大桥这个目标主体。

▲ 图 3-11　前进旋转航拍上海卢浦大桥

在航拍这段前进旋转镜头的时候，具体操作如下。

❶首先将无人机飞至空中，将右摇杆缓慢往上推，无人机慢慢向前飞行。

❷右摇杆往上推的同时，将左摇杆往左推一点，此时无人机将向左进行旋转，慢慢显示卢浦大桥这个目标主体，航拍桥上的车流夜景。

实例 41　追踪拍法一：航拍路上的行人

追踪镜头是指追踪目标进行拍摄，与前面介绍过的环绕镜头进行对比说明，环绕镜头所瞄准的是固定目标，用户有充足的时间调整镜头和拍摄角度，也有充足的时间可以重拍 N 次；但追踪镜头不一样，在同一个地点追踪同一个目标时，只有一次拍摄机会，如果拍摄时没有控制好飞行角度，使目标出画面了，就没有机会再重拍一次了。

追踪低速运动的目标主体是一种比较简单的追踪镜头，例如追踪拍摄路上的行人、海上的船只以及低速行驶的汽车等，在飞行中只要规划好路线，计算好时间和速度，在拍摄时还是比较简单的。拍摄这种沿固定路线移动的目标时，还可以设置航线飞行，提前在路线上规划好无人机飞行的路程和高度，等目标出现后直接执行航线飞行即可，这样用户就有更多的精力来控制无人机镜头的拍摄角度，使视频画面拍摄得更加流畅了。

现在大疆的无人机开发了智能跟随模式，使得追踪拍摄低速移动的目标变得非常简单，甚至可以环绕追踪移动的目标。如图 3-12 所示，为拍摄的一段追踪人物跑步的画面。

▲ 图 3-12　追踪航拍跑步的人

在航拍这段追踪镜头的时候，具体操作如下。

❶首先将无人机飞至空中，在“智能模式”中选择“智能跟随”模式后，在屏幕中通过点击或框选的方式设定跟随的目标对象。

❷在界面中点击 GO 按钮，开始使用“智能跟随”模式进行拍摄，当目标对象向前跑的时候，无人机将跟随人物对象智能飞行。

❸在智能飞行的时候，可以向左拨动右摇杆，使无人机向左侧飞行，无人机在智能跟随模式下自动向右旋转。

如图 3-13 所示，为拍摄的一段追踪江面船只的镜头，无人机从船只的后面飞到了船只的前面，然后旋转镜头对船只进行环绕拍摄。

▲ 图 3-13　追踪旋转航拍江面的船只

在航拍这段追踪镜头的时候，也可以采用无人机的智能飞行模式进行拍摄，然后手动打杆对船只进行环绕拍摄。具体的环绕拍摄技巧大家可以参考实例 34 ～实例 37 的拍法。

实例 42　追踪拍法二：航拍高速运行的地铁

追踪目标有两种情况，除实例 41 介绍的追踪低速运动的目标外，还有追踪高速运动的目标。一般来说，追踪拍摄高速运动的目标时，一个人几乎是不可能完成的，就算飞手和云台手同时操控无人机，也需要两者的默契配合才能拍出好看的镜头。如果是拍摄固定线路的移动目标，可以利用智能飞行预设好航线，等目标到达指定位置后执行航线即可。

追踪拍摄移动目标时，大部分情况下只有一次机会，就算是拍电影也不可能重拍多次，唯有经常练习，才能在实际运用中自如操控，拍出预期的镜头效果。如图 3-14 所示，为追踪航拍地铁的一段视频画面，通过后退的飞行手法，使地铁越来越近，然后再进行环绕拍摄。

航拍镜头语言——追踪镜头

航拍镜头语言——追踪镜头

▲ 图 3-14　追踪航拍高速运行的地铁

实例 43　对冲拍法：与汽车正面加速飞行

对冲镜头按照字面意思理解就是无人机与拍摄主体面对面同时加速，相向飞行，可以表现出拍摄主体的速度与冲力。对冲镜头适合拍摄的对象包括汽车、自行车、摩托雪橇、快艇等，拍摄飞手要把握好无人机与拍摄对象之间的距离，还要注意气流等环境因素的影响。

如图 3-15 所示，就是使用无人机拍摄的与汽车的对冲镜头，无人机与汽车同时加速，面对面对冲飞行，画面极具速度感。

▲ 图 3-15　对冲拍摄正面加速行驶的汽车

在航拍这段对冲镜头的时候，只需将右摇杆往上推，无人机即可向前飞行，呈现与汽车正面对冲的画面感。

实例 44　飞越拍法：航拍上海中心大厦

飞越镜头是指从前景上方或侧上方飞越而过的镜头。因为是飞越镜头，所以无人机离目标主体比较近才会给人飞越的感觉。飞越的理想状态是飞越后无人机掉转镜头对准目标主体，这种飞行手法特别考验飞手的操控能力。

如图 3-16 所示，为拍摄的一段飞越镜头，无人机从最开始平视上海中心大厦，一边往前飞行一边慢慢控制摄像头朝下，到达中心大厦上空后飞越而过，然后将无人机进行 180° 转向，同时也要保持从前飞转至侧飞，然后再转至倒飞，最后再抬起摄像头，所有操控需要三轴联动，打杆全部要浅入浅出，全程控制在缓慢、匀速的飞行状态，这样画面才流畅。

▲ 图 3-16　飞越航拍上海中心大厦

实例 45　一镜到底：航拍大提琴演奏家

“一镜到底”的拍摄方式是指一个连续的长镜头，中间没有任何断片的场景出现，拍摄难度较大，在一些电视剧或电影中我们经常会看到这样的航拍场景。想要拍出“一镜到底”的视频效果，飞手在飞行的过程中全程要控制在缓慢、稳定、保持连贯的飞行状态，飞行中还可以适当改变云台相机的朝向，让画面形成自然的视线转移。

如果使用 Litchi App 对飞行路线进行航点规划，实现“一镜到底”就非常简单了。如图 3-17 所示，就是采用“一镜到底”的航拍方式拍摄的一位美国大提琴演奏家，画面不仅具有极强的视觉冲击力，还非常吸引观众的眼球，使观众有一种情景代入感。

▲ 图 3-17　“一镜到底”航拍大提琴演奏家

第 4 章

9 种构图取景技巧

学前提示

摄影构图是拍出好照片的第一步，这一点在航拍摄影中同样重要。构图是突出画面主题最有效的方法，在对焦和曝光都正确的情况下，好的画面构图往往会让一张照片脱颖而出，让作品更吸引观者的眼球，与之产生情感上的共鸣。本章主要介绍航拍摄影中取景构图的技巧，帮助大家拍出满意的作品。

实例 46　主体构图

主体就是画面中的主题对象，是反映内容与主题的主要载体，也是画面构图的重心或中心。主体是主题的延伸，陪体是和主体相伴而行的，背景是位于主体之后交代环境的，三者是相互呼应和关联的。摄影中主体是和陪体有机联系在一起的，背景不是孤立的，而是和主体相得益彰的。

在航拍的时候，如果拍摄的主体面积较大，或者极具视觉冲击力，那么可以考虑将拍摄主体放在画面最中心的位置，采用居中法进行拍摄。如图 4-1 所示，为拍摄的上海环球金融中心观光层，画面中主体明确，主题突出，展现了上海繁华的夜景。

▲ 图 4-1　上海环球金融中心观光层

☆专家提醒☆

航拍初学者容易犯的一个细节错误，就是希望镜头能拍下很多的内容，而有经验的航拍摄影师则刚好与此相反，他们希望镜头拍摄的对象越少越好，因为对象越少主体就会越突出。

实例 47　多点构图

点，是所有画面的基础。在摄影中，它可以是画面中真实的一个点，也可以是一个面，只要是画面中很小的对象都可以称之为点。在照片中点所在的位置直接影响画面的视觉效果，并给观者以不同的心理感受。如果无人机飞得较高，俯拍地面景物时，就会出现很多小的点对象，这样的画面构图就可以称为多点构图。在同时拍摄多个主体时也可以采用多点构图的方式，这样航拍的照片往往都能够展现多个主体，用这种方法构图可以完整记录所有的主体。

如图 4-2 所示，就是以多点构图方式航拍的水库照片，一棵棵小树在照片中变成了一个个的小点，以多点的形式呈现，观者第一眼就能注意到画面中的主体。

▲ 图 4-2　以多点构图方式航拍的水库（摄影师：赵高翔）

☆专家提醒☆

赵高翔是一位优秀的风光摄影师，他拍摄了很多精美的风光照片和视频，还出版了《无人机航拍实战 128 例》《以梦为马 风光旅游摄影笔记》和《花香四溢 花卉摄影技巧大全》3 本摄影著作，分别对不同题材的摄影技巧和实战经验进行了讲解，感兴趣的读者可以阅读学习。

实例 48　斜线构图

斜线构图是在静止的横线上出现倾斜的元素，画面具有一种静谧的感觉，同时斜线的纵向延伸可以增强画面深远的透视效果，斜线构图的不稳定性使画面富有新意，给人以独特的视觉印象。

利用斜线构图可以使画面产生三维的空间效果，增强画面立体感，使画面充满动感与活力，且富有韵律感和节奏感。斜线构图是非常基本的构图方式，在拍摄轨道、山脉、植物、沿海等风景时，都可以采用斜线构图的航拍手法。

如图 4-3 所示，是以斜线构图航拍的城市立交桥，采用斜线式的构图手法，可以体现大桥的方向感和延伸感，能吸引观者的目光，具有很强的视线导向性。在航拍摄影中，斜线构图是一种使用频率颇高，而且也颇为实用的构图方法，希望大家熟练掌握。

▲ 图 4-3　以斜线构图航拍的城市立交桥

实例 49 曲线构图

曲线构图是指抓住拍摄对象的特殊形态特点，在拍摄时采用特殊的拍摄角度和手法，将物体以类似曲线般的造型呈现在画面中。曲线构图常用于拍摄风光、道路以及江河湖泊等题材。在航拍构图手法中，C 形曲线和 S 形曲线运用得比较多。

C 形构图是拍摄对象以类似 C 形的形态呈现在画面中，给人以柔美、流畅、流动的感觉，常用来航拍弯曲的马路、岛屿以及沿海风光等大片。

如图 4-4 所示，是在上海陆家嘴航拍的地标建筑，无人机飞行在陆家嘴的上空，下方是黄浦江，整个陆家嘴的地面建筑以黄浦江与地面的边缘为分界线，外形轮廓呈 C 形，加上日落夕阳的柔和光线，整个画面给人以梦幻、柔美的感觉，画面的景色也非常吸引人。

▲ 图 4-4 在上海陆家嘴航拍的地标建筑

S 形构图是 C 形构图的强化版，更加适合表现富有曲线美的景物，如自然界中的河流、小溪、山路、小径、深夜马路上蜿蜒的路灯或车队等，给人以悠远感或无限的延伸感。如图 4-5 所示，为在上海航拍的高架桥马路夜景，在路灯的映射下高架桥的曲线形态十分夺人眼球。

图 4-5　以 S 形曲线构图航拍的马路夜景

实例 50　前景构图

前景构图是指在拍摄的主体前方利用一些陪衬对象来衬托主体，使画面更具空间感和透视感，还可以增加许多想象的空间。如图 4-6 所示，为航拍的一段上海城市夜景风光，以百联大厦为前景，无人机慢慢向右侧飞行，显示出后面黄浦江沿岸的风光，通过前景的点缀，使整个画面更具吸引力，画面内容也更加丰富多彩。

▲ 图 4-6　以前景构图航拍的上海城市夜景风光

实例 51　三分线构图

三分线构图，顾名思义就是将画面从横向或纵向分为三部分，这是一种非常经典的构图方法，是大师级摄影师偏爱的一种构图方式。将画面一分为三，非常符合人的审美，拍出来的画面也非常和谐。如图 4-7 所示，为航拍的一段以三分线构图的视频画面，天空占画面上三分之一，城市地景占画面下三分之二，很好地突出了城市的炫丽夜景。

▲ 图 4-7　以三分线构图航拍的视频画面

实例 52　水平线构图

水平线构图，就是以一条水平线进行构图，这种构图方式可以很好地表现出画面的对称性，具有稳定感、平衡感。一般情况下，在拍摄城市风光或者海景风光的时候，最常采用的构图手法就是水平线构图。如图 4-8 所示，为在上海黄浦江上航拍的一段城市风光，天空与地景各占画面二分之一，体现了城市的辽阔，天空中的云彩也很有层次感。

▲ 图 4-8　以水平线构图航拍的城市风光

实例 53 横幅全景构图

采用全景构图拍摄的照片是一种广角图片，“全景图”一词最早是由爱尔兰画家罗伯特•巴克（Robert Barker）提出来的。全景构图有两大优点，一是画面内容丰富大而全，二是视觉冲击力强。

拍全景照片有两种方法，一是采用无人机自带的全景摄影功能直接拍成，二是运用无人机进行多张单拍，拍完后通过软件后期接片而得到。在无人机的拍照模式中有 4 种全景模式，包括球形、180°、广角、竖拍，如果要拍横幅全景照片，可以选择 180° 的全景模式。

如图 4-9 所示，为航拍的城市全景照片，城市中各种特色建筑林立，具有很强的现代感，横幅全景构图使视觉更加辽阔，同时突显了城市的快节奏。

▲ 图 4-9　横幅全景航拍的城市照片

图 4-10 所示，为笔者在宁乡神仙岭航拍的全景风光照片，地景中的绿色丛林给人一种春意盎然的感觉，风车在画面中起到了画龙点睛的作用，天空中的层层白云显得非常有层次感，整个画面给人一种美好的感觉，令人向往。

▲ 图 4-10　180° 横幅全景航拍的风光照片

实例 54 竖幅全景构图

竖幅构图的特点是狭长，而且可以裁去横向画面多余的元素，使画面更加整洁，主体突出。竖幅全景构图的画面能给观者一种向上下延伸的视觉感受，可以将画面中上下部分的各种元素紧密地联系在一起，从而更好地表达画面主题。如图 4-11 和图 4-12 所示，是两幅竖幅的城市夜间全景照片，城市建筑在夜晚灯光的衬托下富丽堂皇，画面极美。

▲ 图 4-11 竖幅全景航拍的城市夜景照片（一）

图 4-12　竖幅全景航拍的城市夜景照片（二）

第二篇

摄像进阶篇

第 5 章

8 种一键短片航拍方法

学前提示

“一键短片”是新手最喜欢的一种航拍模式，其中包括多种不同的拍摄方式，依次为渐远、环绕、螺旋、冲天、彗星以及小行星等，无人机根据用户所选的方式持续拍摄特定时长的视频，然后自动生成一个 10 秒以内的短视频。本章主要介绍使用“一键短片”模式航拍视频的操作方法。

C+P STUDIO

实例 55　渐远飞行：设置渐远飞行距离

“一键短片”中的“渐远”模式是指无人机以目标为中心逐渐后退及上升飞行，在飞行之前可以设置渐远飞行的距离，下面介绍具体操作方法。

Step 01 在 DJI GO 4 App 飞行界面中，点击左侧的“智能模式”按钮，在弹出的界面中点击“一键短片”按钮，如图 5-1 所示。

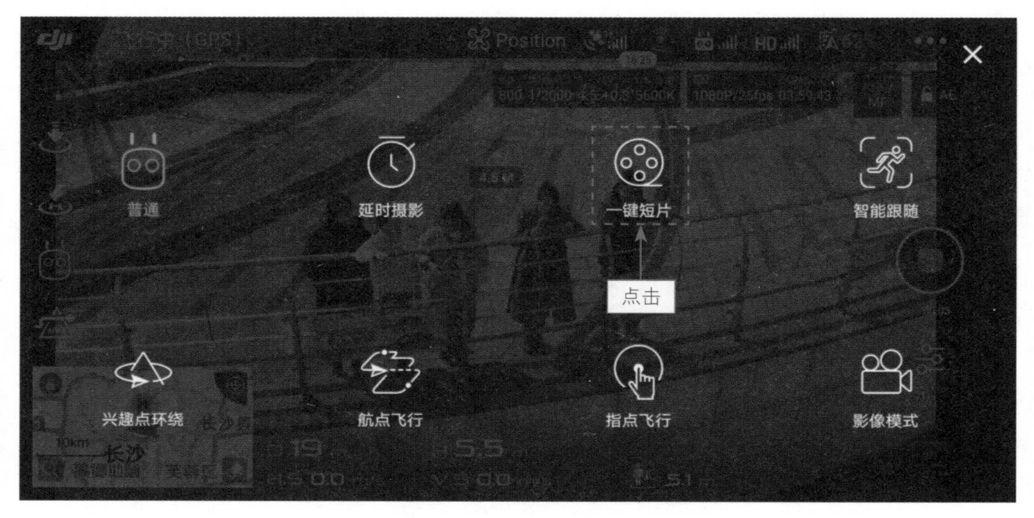

▲ 图 5-1　点击“一键短片”按钮

Step 02 进入“一键短片”飞行模式界面，界面下方提供了 6 种飞行模式，点击“渐远”模式，如图 5-2 所示。

▲ 图 5-2　点击“渐远”模式

Step 03 弹出“距离”选项，向右拖曳滑块，将“距离”参数设置为 96m，如图 5-3 所示。在设置飞行距离的时候，最远可以设置为 120m。

▲ 图 5-3　拖曳滑块设置“距离”参数

实例 56　渐远飞行：框选目标渐远飞行

设置好渐远飞行的距离后，接下来根据界面提示在屏幕中框选目标，无人机将以目标为中心渐远飞行，下面介绍具体操作方法。

Step 01 在屏幕中用食指拖曳框选目标，被框选的区域呈浅绿色显示，如图 5-4 所示。

▲ 图 5-4　框选目标

☆专家提醒☆

在框选目标的时候，可以用食指拖曳的方式进行框选，也可以直接点击屏幕中的目标对象进行框选。

Step 02 系统将从刚刚框选的目标中选择一个主体对象，点击屏幕中的 GO 按钮，如图 5-5 所示。

▲ 图 5-5　选择主体对象并点击 GO

Step 03 执行操作后，即可使用“渐远”模式一键拍摄短片，效果如图 5-6 所示。

▲ 图 5-6　“渐远”模式一键拍摄短片的效果

实例 57　环绕飞行：顺时针环绕飞行

“一键短片”中的“环绕”模式是指无人机围绕目标对象环绕飞行一圈，下面介绍顺时针环绕飞行的操作方法。

Step 01 进入“一键短片”飞行模式，点击“环绕”模式，弹出“方向”选项，点击右侧的按钮，即可切换至“顺时针”模式，如图 5-7 所示。

▲ 图 5-7　切换至“顺时针”模式

Step 02 调整无人机的角度和高度，在屏幕中点击或框选目标，点击 GO 按钮，即可开始顺时针环绕飞行拍摄，如图 5-8 所示。

▲ 图 5-8　顺时针环绕飞行拍摄的效果

实例 58　环绕飞行：逆时针环绕飞行

与顺时针环绕飞行相对的是逆时针环绕飞行，在操作的时候只需将“方向”选项中的“顺时针”切换为“逆时针”即可，下面介绍具体的操作方法。

Step 01 进入“一键短片”飞行模式，点击“环绕”模式，弹出“方向”选项，点击右侧的按钮，切换至“逆时针”模式，如图 5-9 所示。

▲ 图 5-9　切换至“逆时针”模式

Step 02 在屏幕中点击或框选目标，点击 GO 按钮，即可开始逆时针环绕飞行拍摄，如图 5-10 所示。

▲ 图 5-10　逆时针环绕飞行拍摄的效果

实例 59　螺旋飞行：飞行一圈并后退

“一键短片”中的“螺旋”模式是指无人机围绕目标对象飞行一圈，并逐渐上升及后退。下面介绍设置螺旋飞行距离的操作方法。

Step 01 进入“一键短片”飞行模式，点击“螺旋”模式，弹出“距离”选项，❶向右拖曳滑块，将“距离”参数设置为 40m；❷点击右侧的按钮设定飞行方向为“顺时针”或“逆时针”，如图 5-11 所示。

▲ 图 5-11　设置“距离”参数和飞行方向

Step 02 调整无人机的角度和高度，在屏幕中点击或框选目标，点击 GO 按钮，即可开始进行螺旋飞行，在飞行的时候画面会有距离的变化，效果如图 5-12 所示。

▲ 图 5-12　螺旋飞行拍摄一键短片的效果

实例 60　一键冲天：直线向上冲天飞行

使用“一键短片”中的“冲天”模式时，框选好目标对象后，无人机的云台相机将垂直 90° 俯视目标对象，然后垂直上升，与目标对象越来越远。下面介绍一键冲天飞行的具体操作方法。

Step 01 进入“一键短片”飞行模式，选择“冲天”模式，弹出“距离”选项，向右拖曳滑块，将“距离”参数设置为 120m，如图 5-13 所示。拍摄时可以根据实际需要设置“距离”参数，最远可以设置为 120m。

Step 02 在屏幕中框选目标，点击 GO 按钮，即可开始冲天飞行，效果如图 5-14 所示。

▲ 图 5-13　设置“距离”参数

▲ 图 5-14　冲天飞行拍摄一键短片的效果

实例 61　彗星模式：以椭圆形轨迹飞行

使用“一键短片”中的“彗星”模式时，无人机将以椭圆形轨迹飞行，绕到目标后面并飞回起点拍摄。下面介绍具体的操作方法。

Step01 进入“一键短片”飞行模式，选择“彗星”模式，弹出“方向”选项，点击右侧的按钮，切换至“逆时针”模式，如图 5-15 所示。

▲ 图 5-15　切换至“逆时针”模式

Step02 在屏幕中点击或框选目标，点击 GO 按钮，即可开始逆时针飞行拍摄，如图 5-16 所示。

▲ 图 5-16　彗星模式逆时针飞行拍摄一键短片的效果

实例 62　小行星模式：拍出小星球效果

使用“一键短片”中的“小行星”模式时，可以完成一个从局部到全景的漫游小视频，非常吸引观众的眼球。下面介绍具体的操作方法。

Step01 进入“一键短片”飞行模式，选择“小行星”模式，❶在屏幕中框选目标，❷然后点击 GO 按钮，如图 5-17 所示。

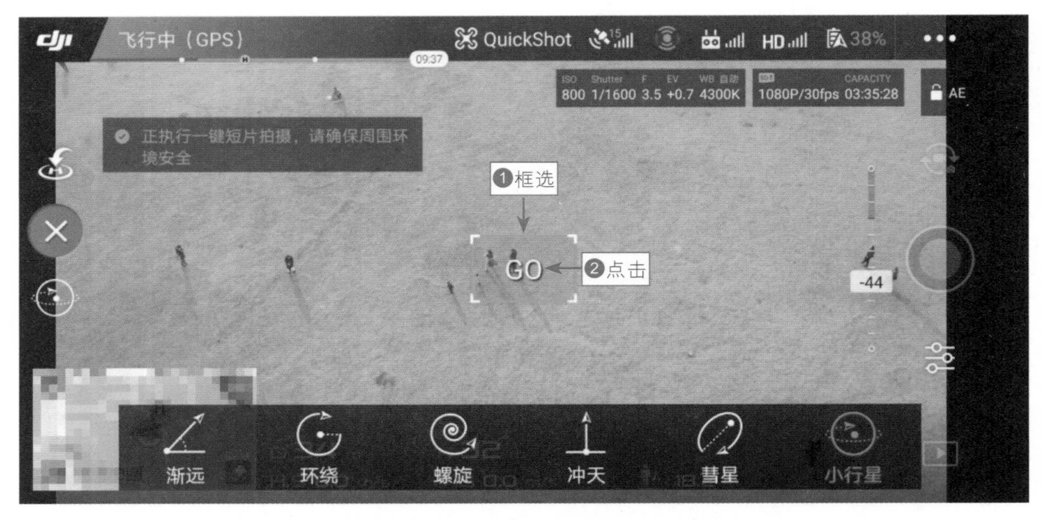

▲ 图 5-17　框选目标并点击 GO 按钮

Step 02 执行操作后，即可使用“小行星”模式拍摄一键短片，效果如图 5-18 所示。

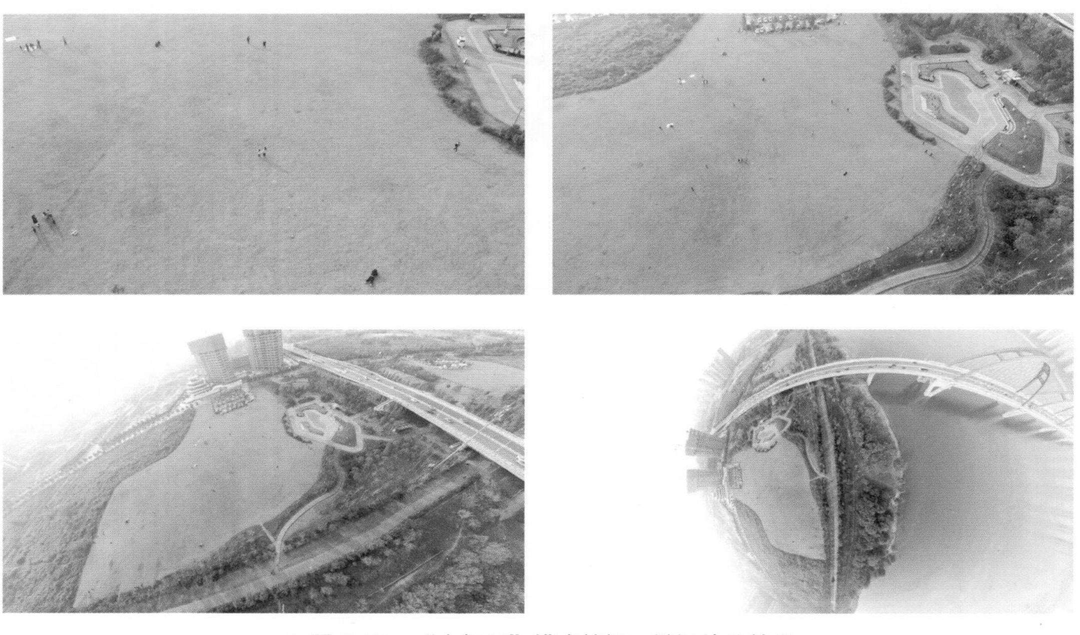

▲ 图 5-18　“小行星”模式拍摄一键短片的效果

第6章 6种智能跟随航拍模式

学前提示

智能跟随模式是基于图像的跟随，可以对人、车、船等移动对象进行识别。使用智能跟随模式航拍时有一点要特别注意，即要与跟随对象保持一定的安全距离，以免造成意外伤害。本章主要以使用“智能跟随”模式航拍人像视频为例介绍智能跟随航拍的操作方法。

实例63　普通模式：向左旋转航拍人物

在“普通”模式下，可以将无人机向左旋转45°跟随拍摄人物主体，从人物的后面飞到人物的正前方进行拍摄，具体操作步骤如下。

Step01 在DJI GO 4 App飞行界面中，点击左侧的“智能模式”按钮，在弹出的界面中点击“智能跟随”按钮，如图6-1所示。

▲图6-1　点击“智能跟随”按钮

Step02 进入“智能跟随”飞行模式界面，界面下方提供了3种飞行模式，点击“普通”模式，如图6-2所示。

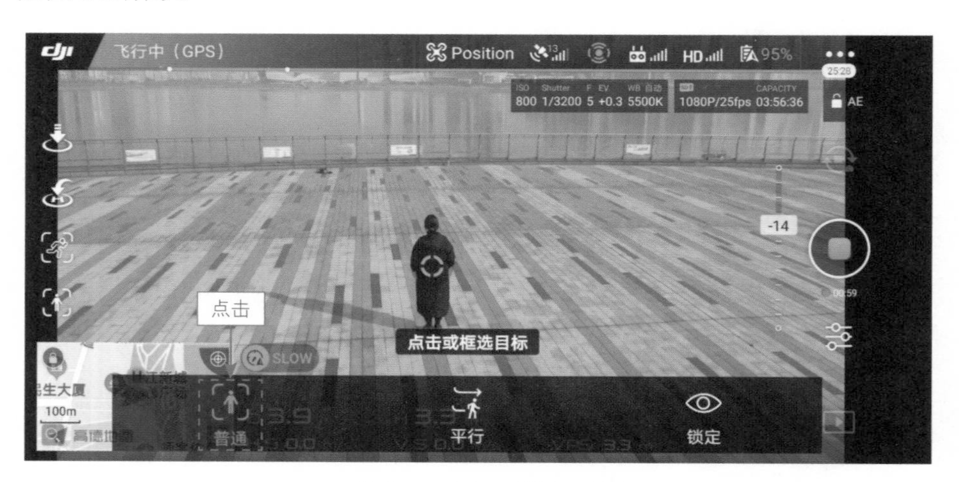

▲图6-2　点击“普通”模式

Step03 进入“普通”模式拍摄界面，点击画面中的人物，设定跟随目标，此时屏幕中锁定了目标对象，并显示一个控制条，中间有一个圆形的控制按钮，可以向左或向右滑动，调整无人机的拍摄方向，如图6-3所示。

Step04 此时人物一直向前走，无人机将保持一定的距离向人物行走的方向飞行，跟在人物后面进行拍摄，如图6-4所示。

▲ 图 6-3　设定跟随目标

▲ 图 6-4　跟在人物后面进行拍摄

Step 05 当人物接近栏杆的时候，向左滑动控制按钮，无人机将从左至右以旋转的方式环绕人物飞行，始终将人物目标放在画面的正中间，如图 6-5 所示。

▲ 图 6-5

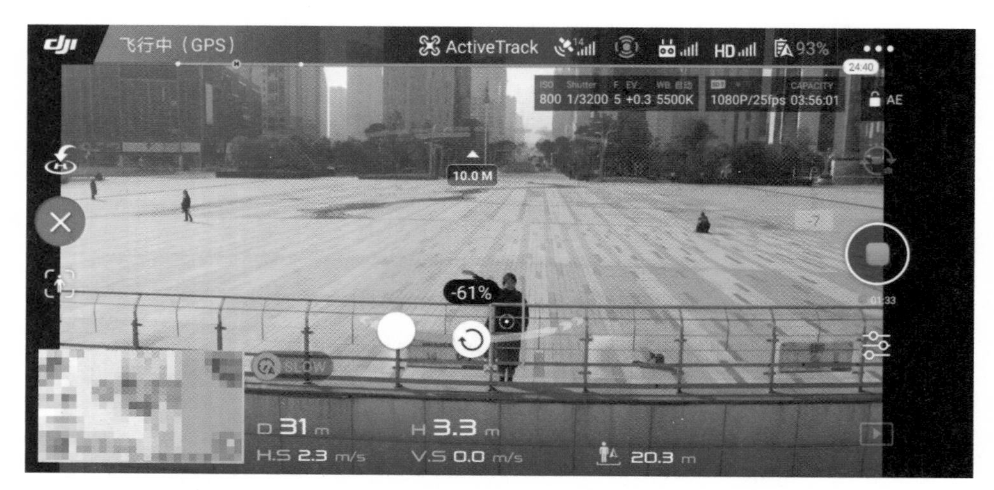

▲ 图 6-5 从左至右以旋转的方式环绕人物航拍的效果

实例 64 普通模式：向右旋转航拍人物

向右旋转与向左旋转的操作刚好相反，只需在“普通”模式拍摄界面中向右滑动控制按钮，此时无人机将从右至左以旋转的方式环绕人物飞行，如图 6-6 所示。

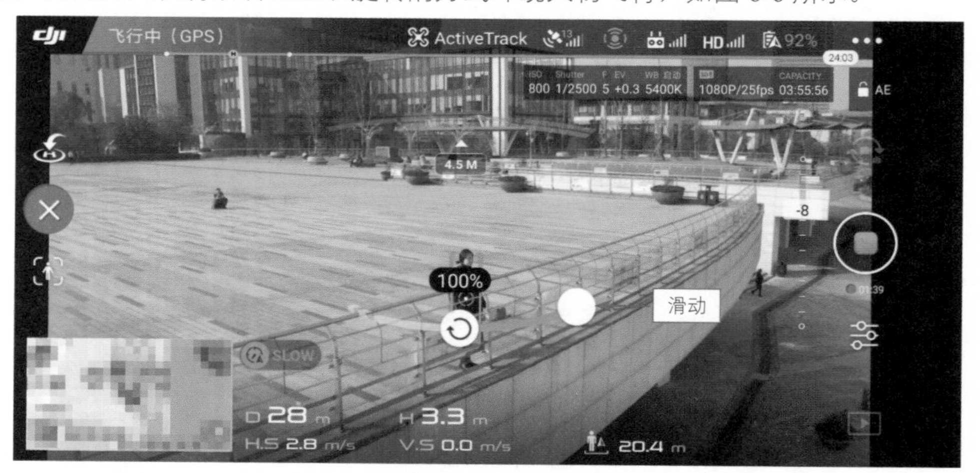

▲ 图 6-6 从右至左以旋转的方式环绕人物航拍的效果

实例 65 平行模式：平行跟随人物运动

无人机不仅可以跟在人物的后面飞行，还可以跟在人物的两侧进行平行飞行拍摄，具体操作步骤如下。

Step 01 进入“智能跟随”飞行模式，❶点击“平行”模式，❷然后在屏幕中点击目标，如图 6-7 所示。

▲ 图 6-7　选择“平行”模式并点击目标

Step 02 此时人物向左侧行走，无人机将平行跟随人物目标拍摄，如图 6-8 所示。

▲ 图 6-8　平行跟随人物目标拍摄的效果

实例 66　平行模式：向后倒退跟随航拍视频

使用“平行”跟随模式时，不仅可以平行跟随人物目标，无人机还可以处在人物正对面向后倒退飞行，与人物目标保持一定的平行距离进行拍摄。下面介绍具体的操作方法。

Step 01 进入“智能跟随”飞行模式，点击“平行”模式，然后在屏幕中点击并锁定人物目标，如图 6-9 所示。

Step 02 此时无人机在人物的正对面，当人物向无人机方向行走的时候，无人机将向后倒退飞行，与人物保持一定的平行距离，如图 6-10 所示。

▲ 图 6-9　点击并锁定人物目标

▲ 图 6-10　向后倒退跟随航拍的效果

☆专家提醒☆

本章以人物为例讲解“智能跟随”的拍摄方法，大家也可以使用相同的飞行手法来拍摄移动的汽车、船只等对象。

实例 67　锁定模式：固定位置航拍人物

使用“智能跟随”模式下的“锁定”模式，无人机将锁定目标对象，在没有打杆的情况下，无人机位置将固定不动，但云台镜头会紧紧锁定、跟踪人物目标。下面介绍锁定目标航拍的操作方法。

Step 01 进入“智能跟随”飞行模式，点击“锁定”模式，然后在屏幕中点击并锁定人物目标，如图 6-11 所示。

▲ 图 6-11　点击并锁定人物目标

Step 02 此时人物主体无论向哪个方向行走，无人机的镜头将一直锁定人物目标，如图 6-12 所示，在不打杆的情况下，无人机将保持不动。

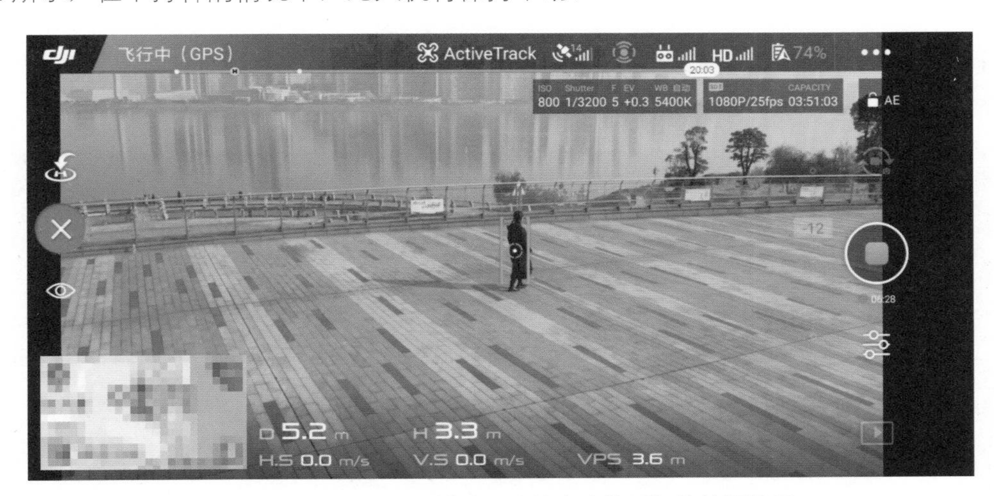

▲ 图 6-12　无人机的镜头一直锁定人物目标的拍摄效果

☆专家提醒☆

在“智能跟随”模式下，无人机不能向左或向右旋转镜头，此时用左手向左或向右拨动摇杆，无人机不会有任何反应。

实例 68　锁定模式：锁定目标拉高后退飞行

在“锁定”模式下，可以自主打杆控制无人机的飞行方向与角度。对于无人机飞行高手而言，他们比较喜欢这种智能跟随模式，因为该模式下可以根据自己的喜好随意控制无人机，通过拨动摇杆，可以操控无人机进行上下、前后、左右飞行。

Step 01 进入“智能跟随”飞行模式，点击“锁定”模式，然后在屏幕中点击并锁定人物目标，如图 6-13 所示。

▲ 图 6-13　点击并锁定人物目标

Step 02 用左手向上拨动摇杆，无人机将向上飞行；同时用右手向下拨动摇杆，无人机将向后倒退，这样就实现了一边拉高一边后退飞行的效果，如图 6-14 所示。

▲ 图 6-14　一边拉高一边后退飞行的拍摄效果

第7章

7种指点飞行航拍方法

学前提示

“指点飞行”是指指定无人机向所选目标区域飞行，主要包含3种飞行模式，即正向指点、反向指点和自由朝向指点，用户可以根据实际需要选择相应的飞行模式。本章主要介绍指点飞行的相关内容，帮助大家更好地掌握这种飞行模式航拍视频的操作方法。

实例 69　正向指点：设置正向飞行的速度

“指点飞行”模式下的“正向指点”模式是指无人机向所选目标方向前进飞行，离目标对象会越来越近，前视视觉系统正常工作。下面介绍使用“正向指点”飞行时设置飞行速度的方法，具体操作步骤如下。

Step 01 在 DJI GO 4 App 飞行界面中，点击左侧的“智能模式”按钮，在弹出的界面中点击“指点飞行”按钮，如图 7-1 所示。

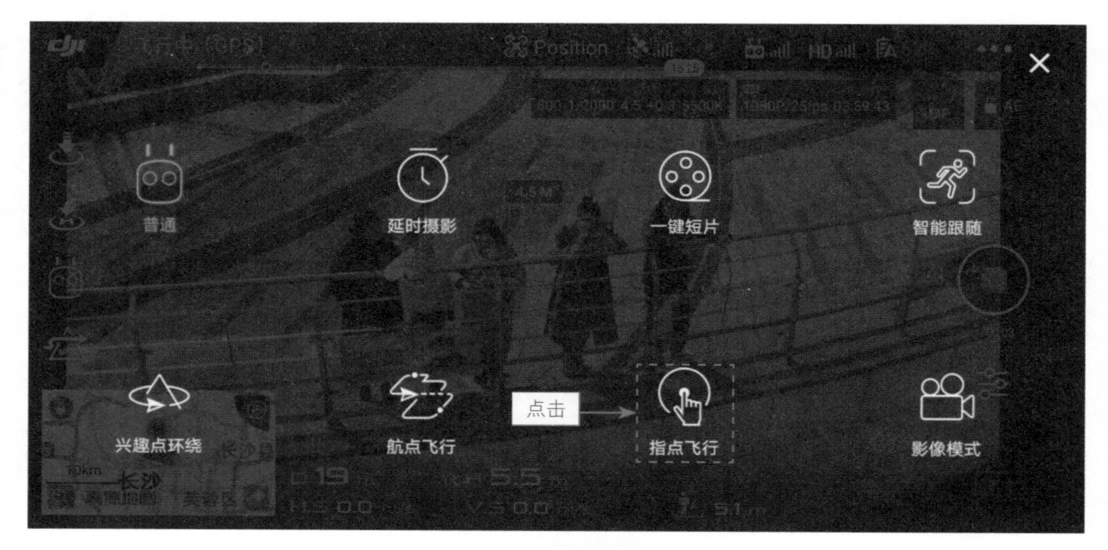

▲ 图 7-1　点击“指点飞行”按钮

Step 02 进入“指点飞行”模式界面，界面下方提供了 3 种飞行模式，❶点击“正向指点”模式；❷向上或向下拖曳右侧的速度滑块，设置无人机的飞行速度，如图 7-2 所示。

▲ 图 7-2　设置无人机的飞行速度

实例 70　正向指点：在画面中指定目标对象

设置好正向飞行速度之后，接下来需要在画面中指定目标对象，在目标对象上点击，即出现一个浅绿色的 GO 按钮，如图 7-3 所示。

▲ 图 7-3　指定目标对象

实例 71　正向指点：向前拉低飞行无人机

因为无人机所处的位置比较高，而指定的目标对象位置比较低，点击屏幕上的 GO 按钮之后，无人机会向前拉低飞行，即一边向前飞行一边下降，屏幕上会提示飞行器正在下降，如图 7-4 所示。

如果想要无人机向前拉高飞行，只需在指定目标对象的时候将云台抬起，然后在高处指定目标对象，这样无人机在飞行中即会向前拉高飞行。

▲ 图 7-4

▲ 图 7-4　向前拉低飞行无人机拍摄的效果

实例 72　反向指点：设置反向飞行的速度

“指点飞行”模式下的“反向指点”模式是指无人机向所选目标方向倒退飞行，后视视觉系统正常工作。下面介绍设置反向飞行速度的操作方法。

Step 01 在 DJI GO 4 App 飞行界面中，点击左侧的“智能模式”按钮，在弹出的界面中点击“指点飞行”按钮，进入“指点飞行”模式，点击“反向指点”模式，如图 7-5 所示。

▲ 图 7-5　点击“反向指点”模式

Step 02 向上或向下拖曳右侧的速度滑块，即可设置无人机反向飞行的速度，这里设置速度为 5.7m/s，如图 7-6 所示。

▲ 图 7-6　设置无人机反向飞行的速度

实例 73　反向指点：在画面中指定目标对象

设置好反向飞行速度之后，接下来需要在画面中指定目标对象，在目标对象上点击，即可出现一个浅绿色的 GO 按钮，提示“指点即飞”的信息，如图 7-7 所示。

▲ 图 7-7　指定目标对象

实例 74　反向指点：平行后退飞行无人机

点击屏幕上的 GO 按钮，此时无人机自动调整拍摄位置和角度，进行平行后退飞行，离目标对象会越来越远，最终显示一个大场景，如图 7-8 所示。

▲ 图 7-8　平行后退飞行拍摄的效果

☆专家提醒☆

在反向指点飞行的过程中，如果云台镜头锁定的目标对象位置有变化，此时可以手动拖曳屏幕中的目标锁定框调整目标对象的位置。

实例 75　自由朝向指点：可自由调整镜头朝向

“指点飞行”模式下的“自由朝向指点”模式是指无人机向所选目标前进飞行，在飞行的过程中用户通过遥控器可以调整镜头的朝向和构图。

在飞行界面的右侧，向上或向下拖曳速度滑块，即可设置无人机自由朝向飞行的速度，如图 7-9 所示；点击屏幕锁定飞行方向后，即可进行自由朝向指点飞行，如图 7-10 所示。

▲ 图 7-9　设置无人机自由朝向飞行的速度

▲ 图 7-10　锁定飞行方向进行自由朝向指点航拍的效果

第8章

6个环绕飞行航拍技巧

学前提示

兴趣点环绕模式在飞行圈中俗称“刷锅”，是指无人机围绕用户设定的兴趣点进行360°旋转拍摄，这样可以360°展示目标对象，以便从各个不同的角度欣赏美景。本章主要介绍环绕飞行航拍的相关技巧，帮助大家熟练掌握这种飞行模式航拍视频的操作方法。

实例 76　在画面中框选兴趣点

使用“兴趣点环绕”智能飞行模式时，首先需要在画面中框选兴趣点，即目标对象。下面介绍具体操作方法。

Step 01 在 DJI GO 4 App 飞行界面中，点击左侧的“智能模式”按钮，在弹出的界面中点击“兴趣点环绕”按钮，如图 8-1 所示。

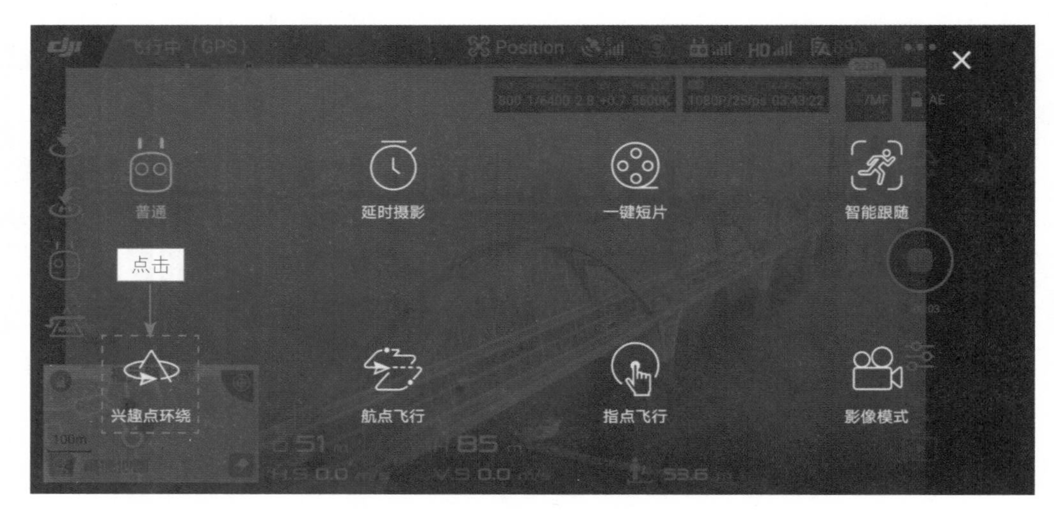

▲ 图 8-1　点击“兴趣点环绕”按钮

Step 02 进入“兴趣点环绕”拍摄模式，在飞行界面中用手指拖曳绘制一个方框，设定兴趣点对象，如图 8-2 所示。

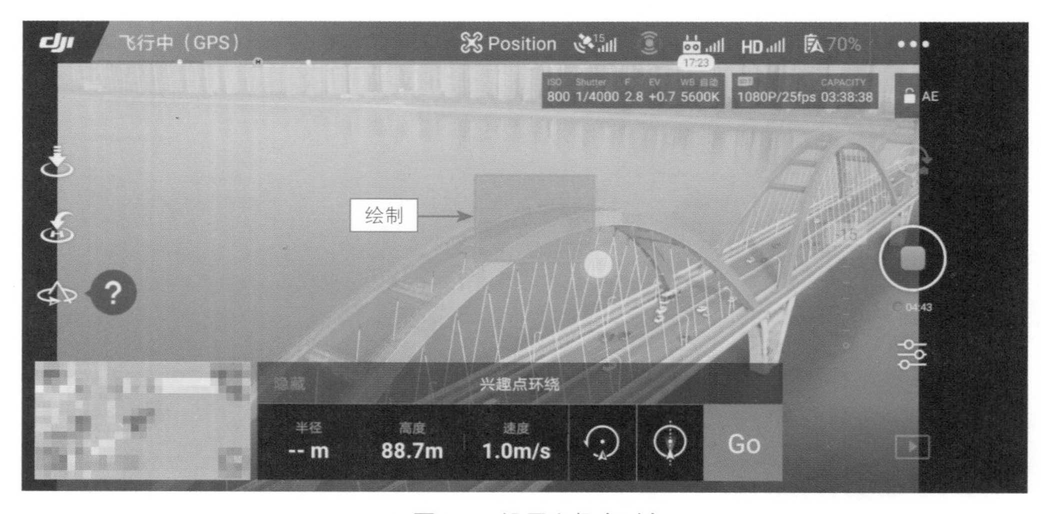

▲ 图 8-2　设置兴趣点对象

Step 03 此时浅绿色的方框中显示 GO 按钮，点击该按钮，如图 8-3 所示。

Step 04 界面中提示“目标位置测算中，请勿操作飞行器”，如图 8-4 所示。

Step 05 待目标位置测算完成后，界面中提示“测算完成，开始任务”，如图 8-5 所示。

▲ 图 8-3　点击 GO 按钮

▲ 图 8-4　界面中提示目标位置测算相关信息

▲ 图 8-5　界面中提示测算完成信息

实例 77　设置环绕飞行的半径

当界面中提示“测算完成，开始任务”的信息后，点击下方的“半径”数值，即可弹出滑动条，向左或向右拖曳滑块，可以设置环绕飞行的半径大小，如图 8-6 所示。

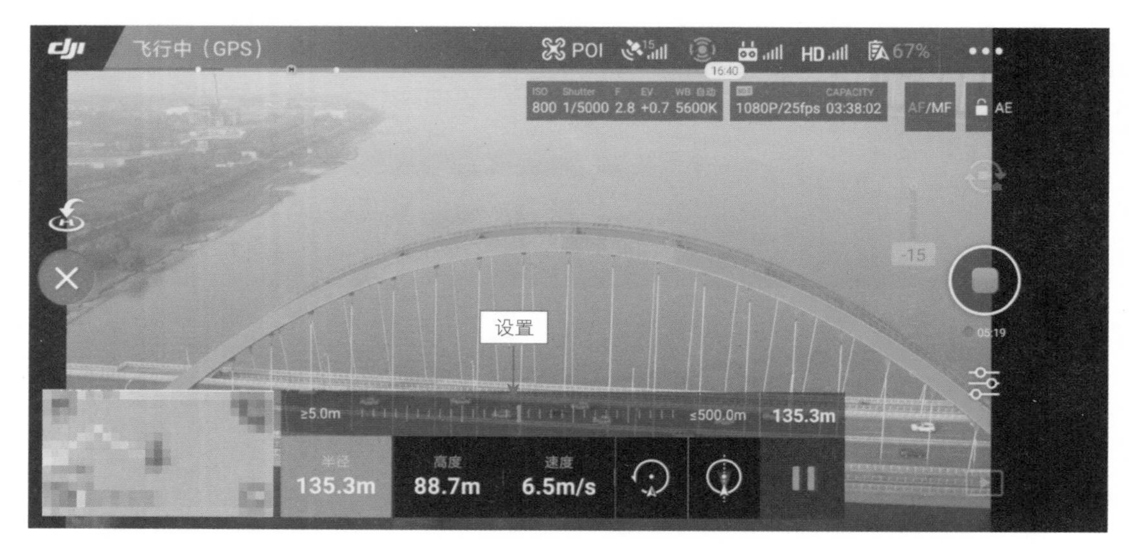

▲ 图 8-6　设置环绕飞行的半径

实例 78　设置环绕飞行的高度

在“兴趣点环绕”飞行模式下，点击下方的“高度”数值，即可弹出滑动条，向左或向右拖曳滑块，可以设置环绕飞行的高度数值，如图 8-7 所示。

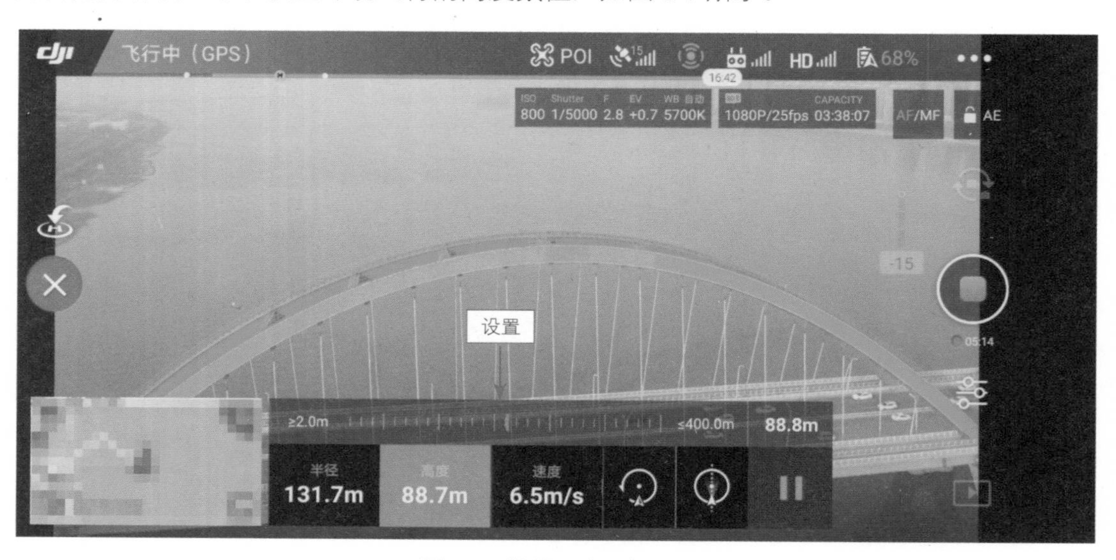

▲ 图 8-7　设置环绕飞行的高度

实例 79　设置环绕飞行的速度

在“兴趣点环绕”飞行模式下，点击下方的“速度”数值，即可弹出滑动条，向左或向右拖曳滑块，可以设置环绕飞行的速度，如图 8-8 所示。

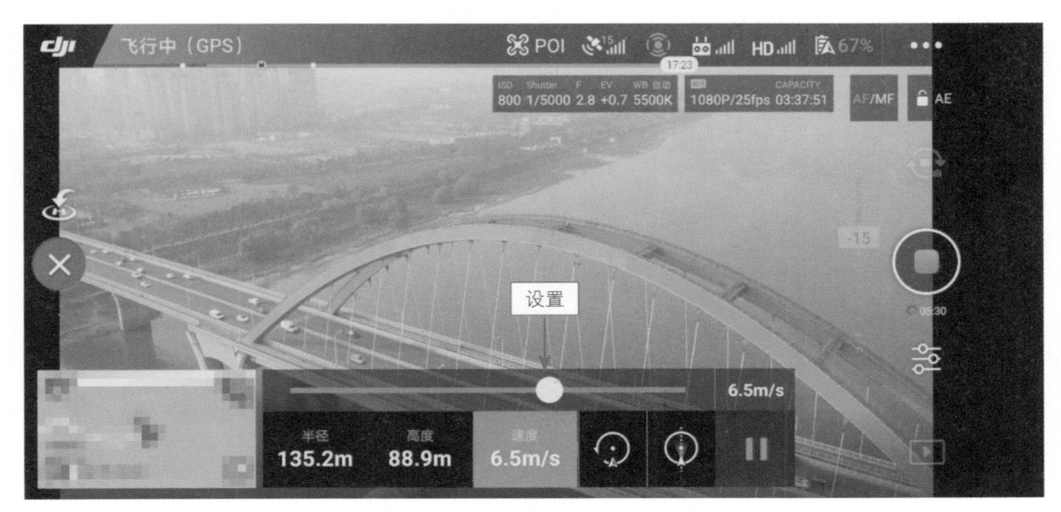

▲ 图 8-8　设置环绕飞行的速度

实例 80　逆时针环绕飞行无人机

设置好环绕飞行的半径、高度以及速度等参数后，即可以逆时针的方式进行环绕飞行，点击“录制”按钮，可以录制视频画面，如图 8-9 所示。

▲ 图 8-9

▲ 图 8-9　以逆时针方向环绕飞行拍摄的效果

实例 81　顺时针环绕飞行无人机

在飞行界面下方点击“顺时针”按钮，即可以顺时针的方向进行环绕飞行，如图 8-10 所示。

▲ 图 8-10　设置顺时针方向环绕飞行

如图 8-11 所示，就是无人机以顺时针方向环绕飞行的画面，从桥的右侧飞到了桥的左侧。在界面的下方可以根据需要设置飞行的半径、高度以及速度等参数。

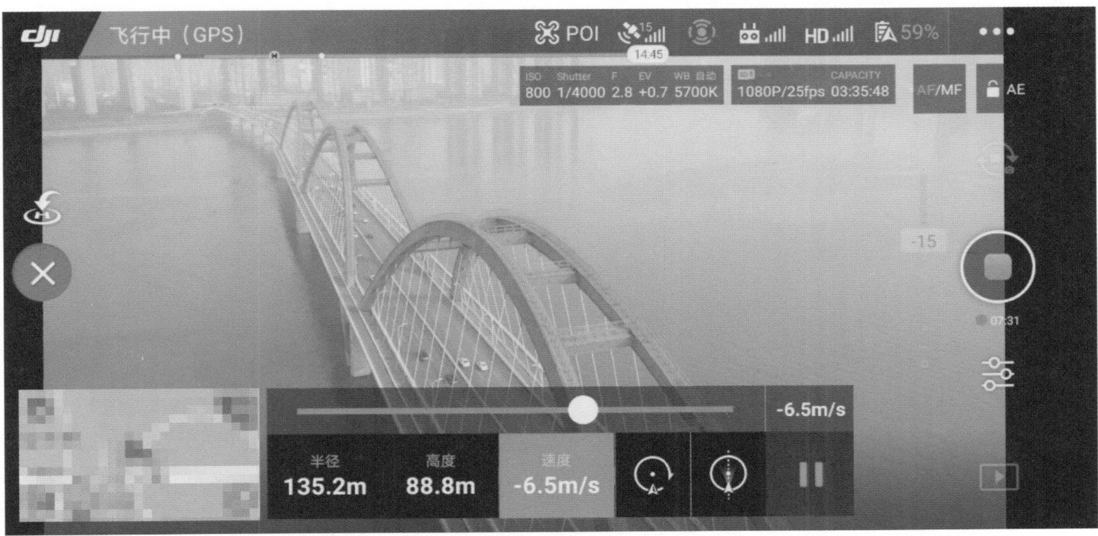

▲ 图 8-11　以顺时针方向环绕飞行拍摄的效果

第9章 10个航点飞行航拍技巧

学前提示

航拍视频对于新手来说最大的难点是控制无人机的稳定性，一般没有一年以上的练习很难做到一段航拍视频的稳定、顺滑、不抖动，对此大疆 DJI GO 4 App 内置的“航点飞行”模式很好地解决了该问题，让新手也能拍出稳定的视频画面。本章就来介绍航点飞行航拍相关的技巧。

实例 82　如何添加航点和路线

使用无人机进行航点飞行之前，首先需要掌握如何添加航点和设计飞行路线，下面介绍具体的操作方法。

Step01 起飞无人机后，在飞行界面中点击左侧的“智能模式”按钮，在弹出的界面中点击“航点飞行”按钮，如图 9-1 所示。

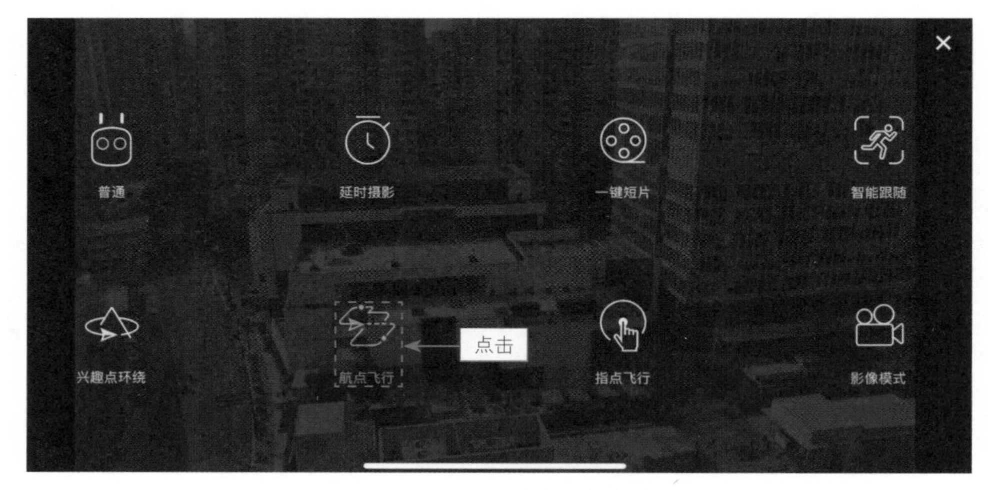

▲ 图 9-1　点击“航点飞行”按钮

Step02 进入操作引导界面，如果是第一次进行航点飞行，建议多花一点时间看一下引导视频，其中有航点规划的详细引导。了解相关内容后，点击右上角的“退出引导”按钮，退出引导界面，如图 9-2 所示。

▲ 图 9-2　进入操作引导界面

Step03 进入航点规划界面，用户就可以开始规划和设计航点了。❶在界面上点击航点按钮，使其高亮显示；❷然后在地图上的相应位置直接点击，即可添加航点，如图 9-3 所示。

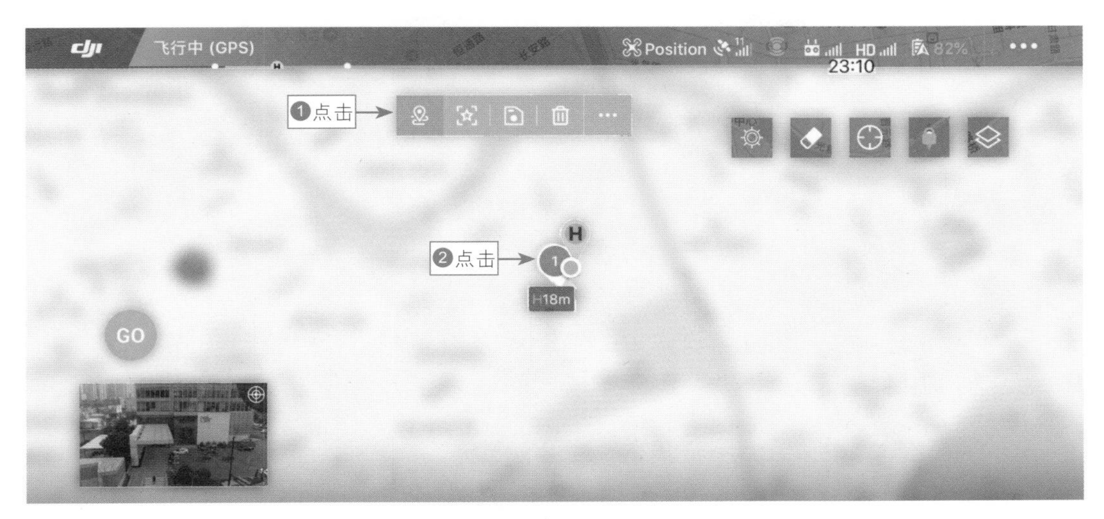

▲ 图 9-3　添加第 1 个航点

Step 04 点击界面左下角的飞行窗口，切换预览模式，开始飞行无人机，将无人机飞到第 2 个航点的位置后，按下遥控器上的 C1 键，即可添加第 2 个航点信息，如图 9-4 所示，这是直接利用当前无人机的画面获得最准确构图的快捷操作方法。

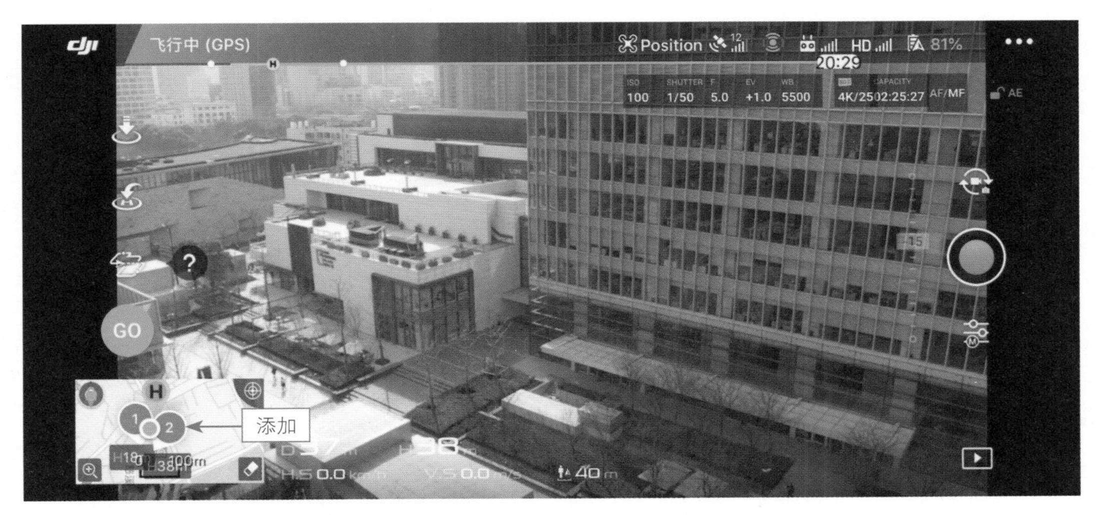

▲ 图 9-4　添加第 2 个航点

☆专家提醒☆

航点规划简单来说就是在地图上预先设定无人机要飞行经过的航点，航点包含了无人机的高度、朝向和云台俯仰角。当无人机执行航点飞行后，在经过航点时会智能自动调整至预先设定的高度、朝向和云台俯仰角，而且一定是以顺滑的方式在两个航点之间切换 3 个参数，这也是航点飞行拍摄出来的视频流畅顺滑的主要原因。

Step 05 继续按照上述相同的方法进行飞行、操控并添加航点信息，本案例在地图上一共添加了 3 个航点位置，如图 9-5 所示。

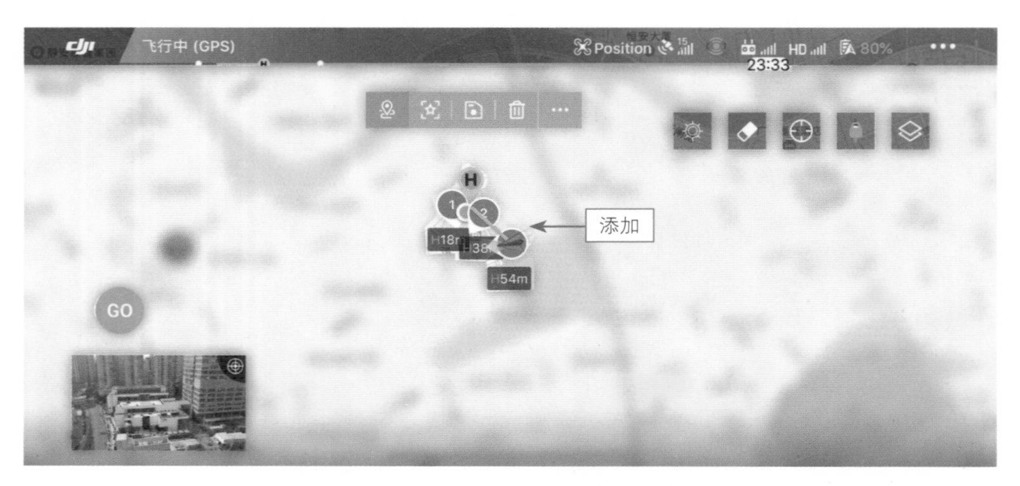

▲ 图 9-5　共添加了 3 个航点位置

实例 83　如何修改航点的参数

在相关位置添加航点后，接下来可以修改航点的参数，只需在地图上点击相应的航点数字，即可弹出设置面板，这里点击航点 1，如图 9-6 所示，在弹出的面板中可以设置飞行的高度、速度、飞行朝向、云台俯仰角、相机行为以及关联兴趣点等属性，使无人机按照设定好的参数进行飞行。大家可以按照相同的操作方法设置其他航点参数。

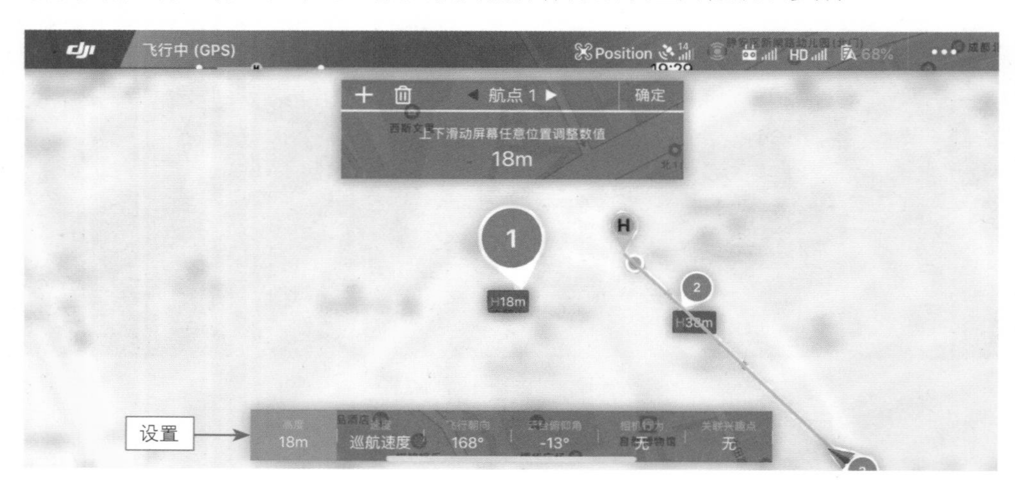

▲ 图 9-6　修改航点的参数

实例 84　如何修改航线的类型

在“航点飞行”模式中包含两种航线类型，一种是折线型，另一种是曲线型。折线型是指无人机按照直线路径飞行；曲线型是指无人机的飞行航线呈曲线状。下面介绍修改航线类型的操作方法。

Step 01 进入航点规划界面，点击上方的设置按钮 ···，弹出浮动面板，点击“航线设置”按钮，如图 9-7 所示。

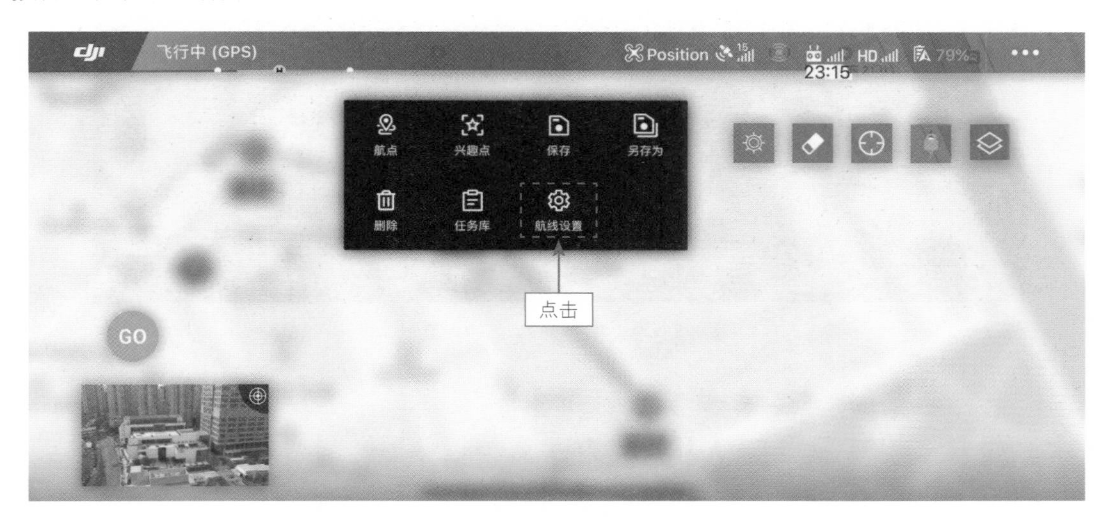

▲ 图 9-7　点击“航线设置”按钮

Step 02 进入“航线设置”界面，在“航线类型”右侧点击“折线”按钮，即可将“航线类型”设置为“折线”，如图 9-8 所示。

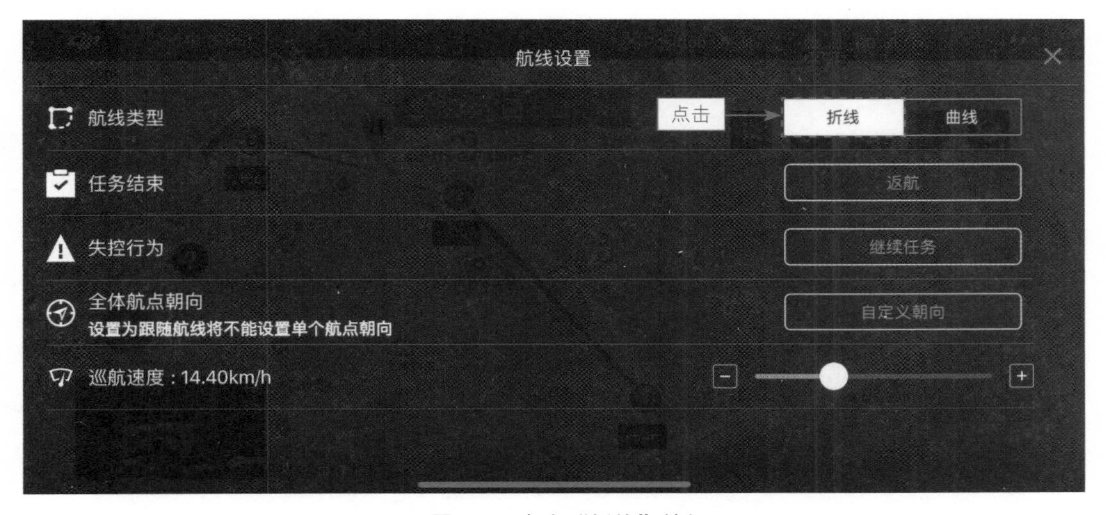

▲ 图 9-8　点击“折线”按钮

☆专家提醒☆

系统默认的航线类型为折线型，无人机可以精准抵达相应位置，并设定每一个航点，这种航线类型也是用户使用得最多的一种航线类型。

Step 03 ❶点击“曲线”按钮，❷弹出提示信息框，提示用户在该类型下无法自动执行航点设置中的“相机动作”，❸点击“确定”按钮，如图 9-9 所示，即可更改航线类型。

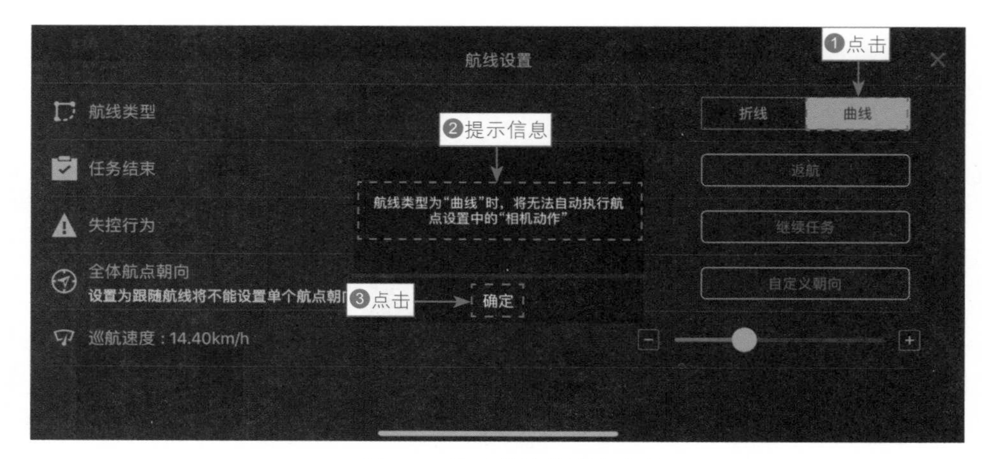

▲ 图 9-9　更改航线类型为曲线

实例 85　自定义无人机的朝向

飞行朝向默认是自定义朝向，也就是航点设置的无人机朝向，使画面构图更加精准。

在“航线设置”界面中，点击“全体航点朝向”右侧的“自定义朝向”按钮，弹出列表框，其中包括“自由”“自定义朝向”和“跟随航线”3 种类型。“自由”是指用户可以一边飞行一边控制朝向，“跟随航线”是指无人机对准航线向前的方向飞行。如图 9-10 所示，选择“自定义朝向”选项，即可在航点飞行中自定义无人机的朝向。

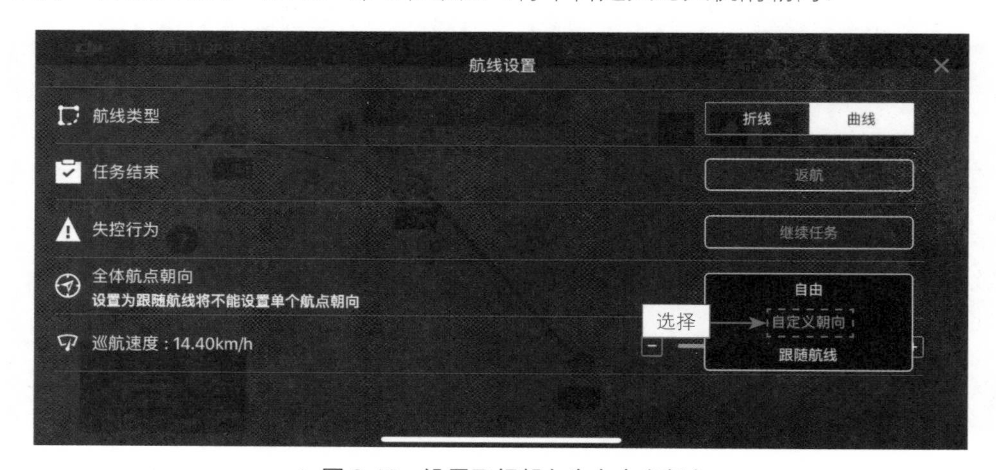

▲ 图 9-10　设置飞行朝向为自定义朝向

实例 86　设置统一的巡航速度

在“航线设置”界面中，拖曳“巡航速度”右侧的滑块，可以设置无人机的巡航速度，如图 9-11 所示。

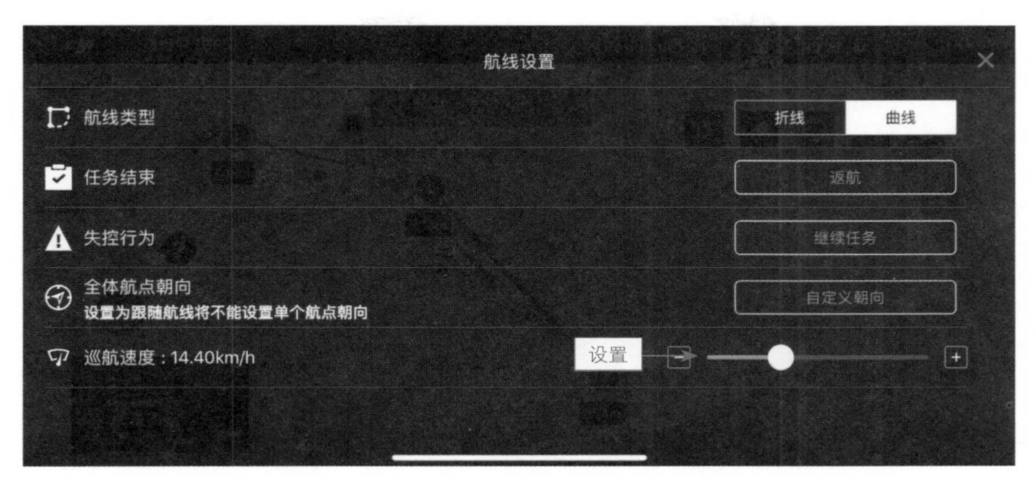

▲ 图 9-11　设置无人机的巡航速度

实例 87　如何添加兴趣目标点

兴趣点是指拍摄的目标点，无人机在飞行的过程中镜头会自动对准兴趣点。设置兴趣点的方法很简单，下面介绍具体的操作。

Step 01 点击飞行界面上方的“兴趣点”按钮，如图 9-12 所示。

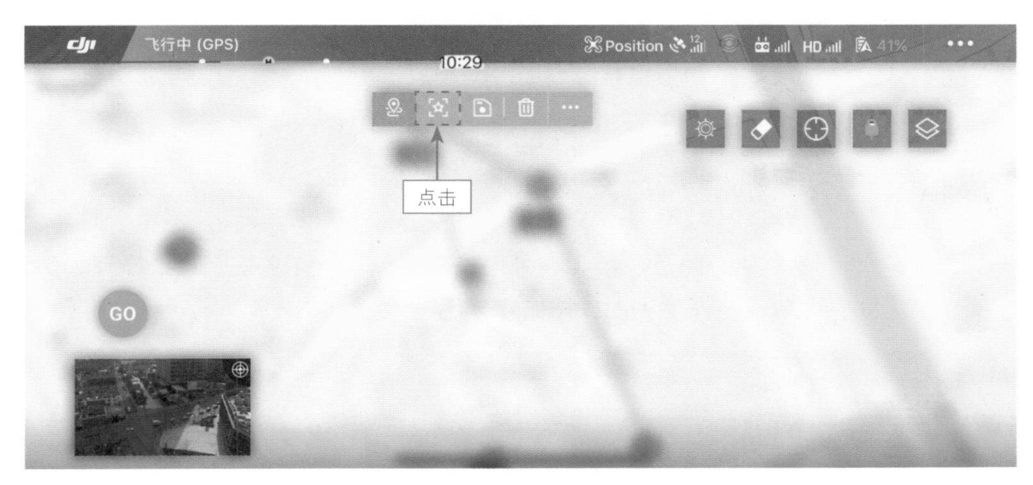

▲ 图 9-12　点击“兴趣点”按钮

Step 02 此时该按钮将高亮显示，用手指在屏幕上的相应位置点击，即可添加兴趣点。兴趣点可以任意添加多个，以紫色的数字图标显示在地图上。

Step 03 兴趣点设置完成后，需要在航点设置中“关联兴趣点”，在执行航线飞行的过程中，无人机的镜头朝向会按航点设置的关联兴趣点一直对着兴趣点的方向，如图 9-13 所示。添加兴趣点之后，点击兴趣点的数字，在弹出的面板中可以设置兴趣点的属性和参数。

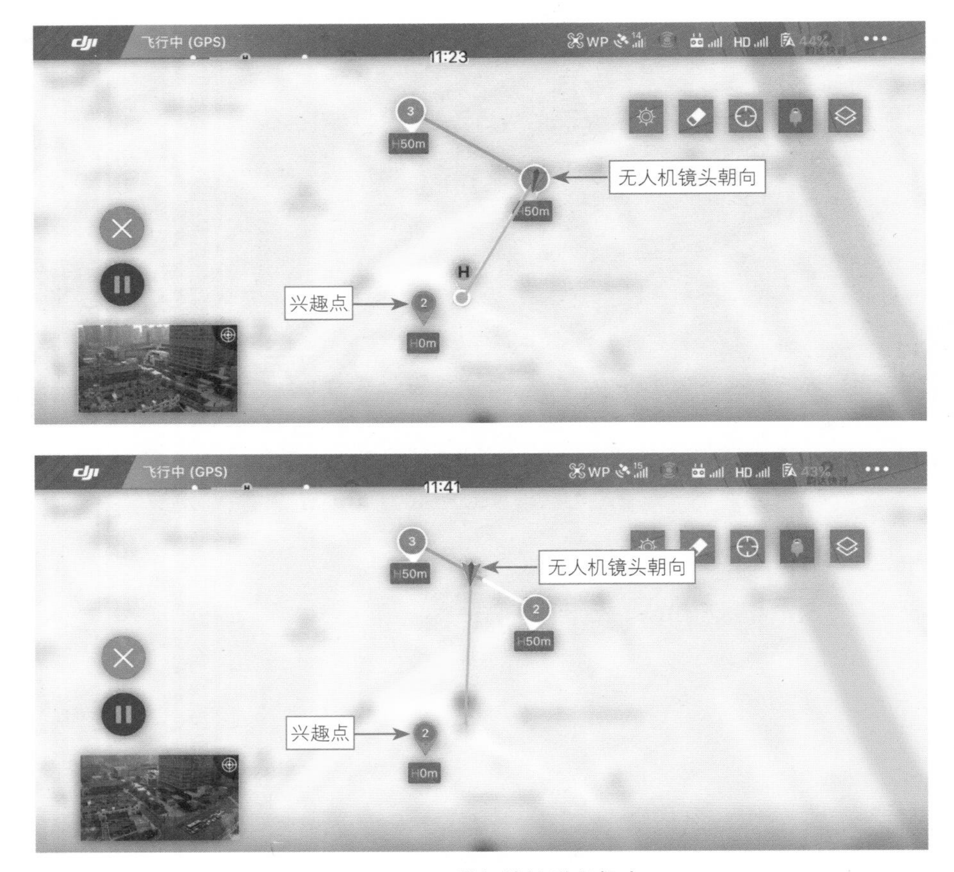

▲ 图 9-13　添加并关联兴趣点

实例 88　按照航点飞行无人机

当规划好一系列的航点路线后，接下来即可按照航点飞行无人机，具体操作如下。

Step 01 在规划界面中点击左侧的 GO 按钮，如图 9-14 所示。

▲ 图 9-14　点击左侧的 GO 按钮

Step02 进入“任务检查”界面，在其中可以设置全体航点朝向、返航高度、航线类型以及巡航速度等属性，确认无误后，点击下方的“开始飞行”按钮，如图 9-15 所示。

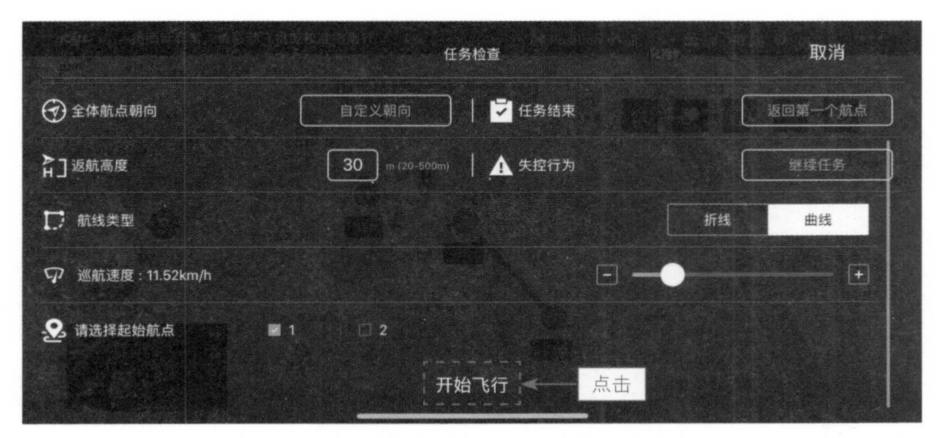

▲ 图 9-15　设置“任务检查”界面的参数

Step03 执行操作后，此时无人机将飞往第一个航点的位置，如图 9-16 所示，当无人机到达第一个航点位置后，接下来将根据航线路径自动飞行，完成新一轮的拍摄。

▲ 图 9-16　无人机飞往第一个航点的位置

☆专家提醒☆

机长在 2016 年的时候，就应用大疆的航点飞行拍摄了日转夜的航拍视频；在 2017 年的时候，应用此功能记录了一栋建筑的建造过程；在 2018 年的时候，在《春夏秋冬——四季新天地》中将这一功能用到极致，拍摄了上海新天地的春夏秋冬，将一年四季的变化整合在一个短短 20 秒的视频内。

实例 89　保存航点飞行路线

当规划好航点飞行路线之后，可以保存该路线，方便以后载入相同的飞行路线进行航拍。下面介绍保存航点飞行路线的操作方法。

Step01 在规划界面中设计好航点飞行路线，点击上方的“设置”按钮（也可以直接点击上方的“保存”按钮），如图 9-17 所示。

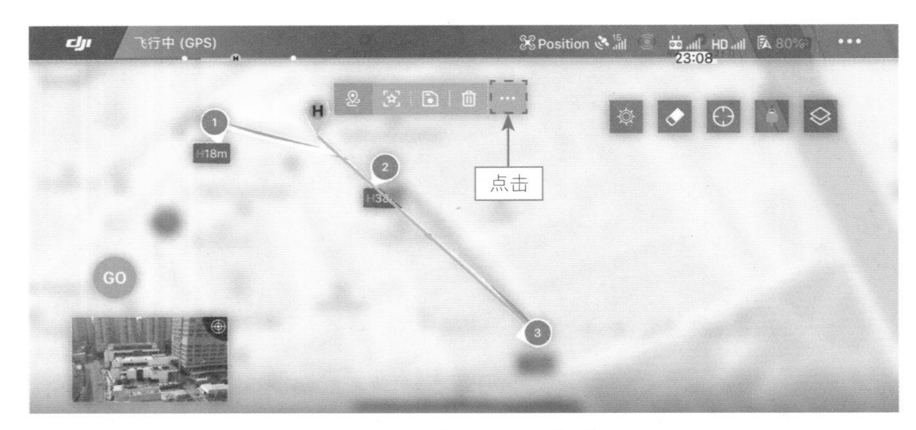

▲ 图 9-17　点击“设置”按钮

Step02 弹出浮动面板，点击“保存”按钮，如图 9-18 所示。

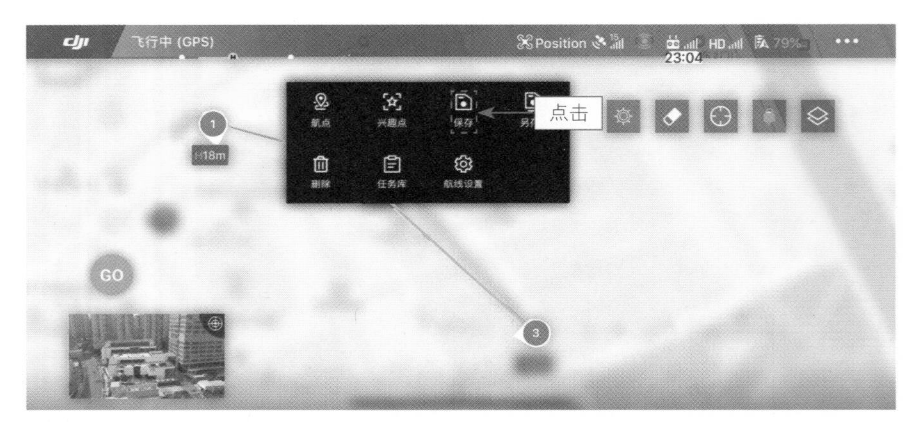

▲ 图 9-18　点击“保存”按钮

Step03 即可保存航点飞行路线，界面中提示“任务保存成功”的信息，如图 9-19 所示。

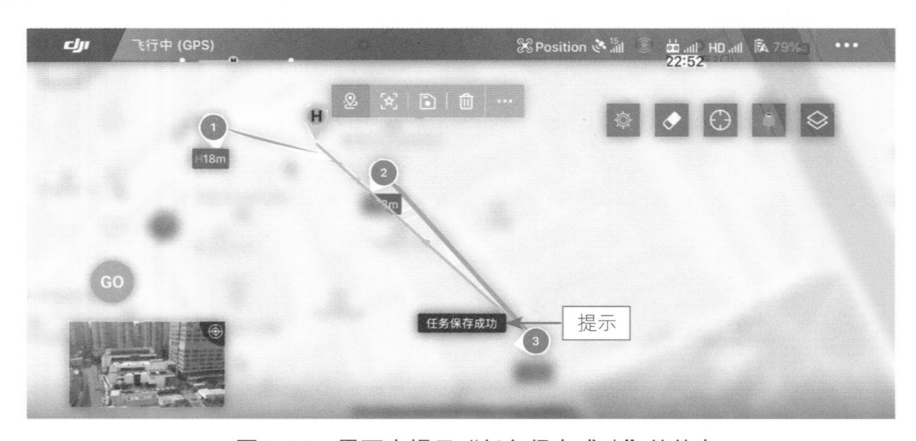

▲ 图 9-19　界面中提示“任务保存成功”的信息

实例 90　载入航点飞行路线

一块电池只能飞行 20 分钟左右，当无人机的第一块电池用完之后，换第二块电池重新起飞时，如果需要拍摄同一航线不同时间的视频，就可以载入保存的路线，再次飞行一遍之前的航线，下面介绍具体的操作方法。

Step01 在规划界面中设计好航点飞行路线，点击上方的“设置”按钮…，弹出浮动面板，点击“任务库”按钮，如图 9-20 所示。

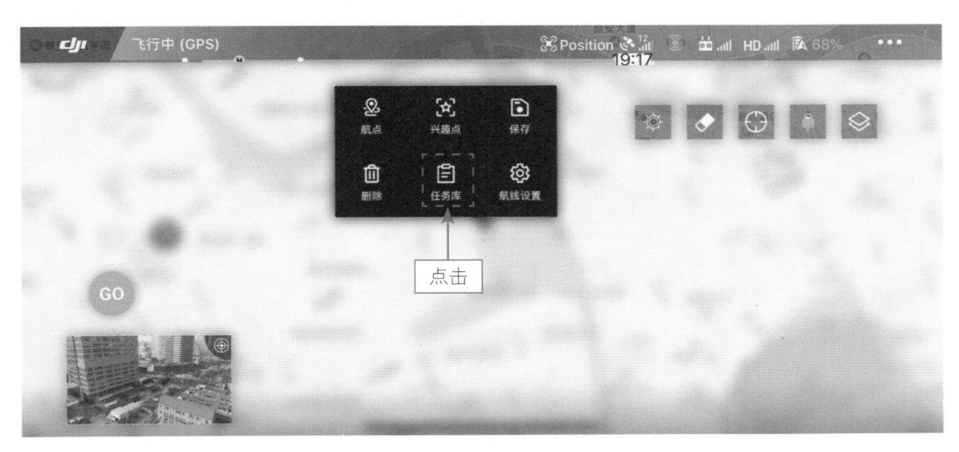

▲ 图 9-20　点击“任务库”按钮

Step02 进入“任务库”界面，其中显示了之前保存的飞行路线，点击右侧的“载入”按钮，如图 9-21 所示，即可载入航点飞行路线。

▲ 图 9-21　载入航点飞行路线

实例 91　删除航点飞行路线

删除航点飞行路线时，分为两种情况，一种是删除所有的航点飞行路线，另一种是删除其中某个航点飞行路线，下面对这两种情况进行分别介绍。

1. 删除所有航点飞行路线

如果整条飞行路线都不需要了，可以将所有航点删除，下面介绍具体的操作方法。

Step01 显示地图上设计好的航点路线，点击“删除”按钮，如图 9-22 所示。

▲ 图 9-22　点击“删除”按钮

Step02 弹出提示信息框，提示用户是否删除所有航点及兴趣点，如图 9-23 所示，点击“确认”按钮，即可删除地图上的所有航点信息。

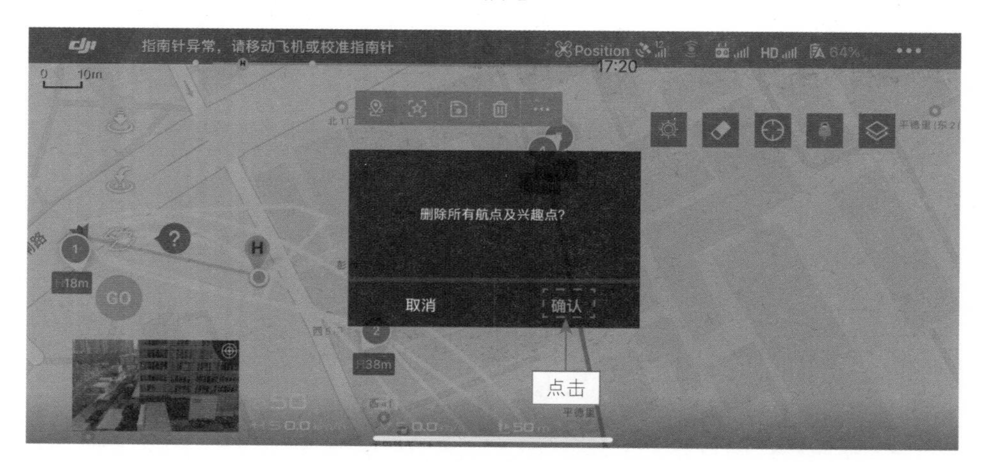

▲ 图 9-23　删除所有航点及兴趣点

2. 删除某个航点飞行路线

如果不想删除整条飞行路线，只想删除其中某个航点信息，此时可以参照以下方法进行删除操作。

Step01 在航点规划界面中点击需要删除的航点，这里点击数字 5，如图 9-24 所示。

Step02 进入“航点 5”的详细规划界面，其中显示了航点的高度、速度、飞行方向、云台俯仰角以及相机行为等设置信息，点击左上方的“删除”按钮，如图 9-25 所示。

Step 03 执行操作后，即可删除"航点 5"的飞行路线，此时规划界面中只剩下 4 个航点信息，如图 9-26 所示。

▲ 图 9-24　点击需要删除的航点

▲ 图 9-25　点击"删除"按钮

▲ 图 9-26　删除"航点 5"

第三篇

专题摄影篇

第10章 人像航拍专题

学前提示

风光人像是经久不衰的摄影主题，在外出旅行的时候，如何才能拍出高质量的人像作品，也是需要我们用心学习的。大多情况下我们都是使用数码相机拍摄人像照片，当掌握了无人机的操作后，也可以使用无人机来拍摄人像照片。本章我们就针对人像航拍进行讲解，介绍人像航拍的一些技巧与方法，帮助大家拍出漂亮的人像作品。

实例 92 航拍集体人像

要想航拍出来的人像照片更加好看，一定要掌握适合航拍人像的取景手法，以及集体人像、家庭人像、单个人像的拍摄技巧等。

航拍大场景的集体人像时，可以将无人机飞至侧面，然后以 45° 俯视所要拍摄的场景，用背景来交代所拍摄的环境。如图 10-1 所示，为拍摄的瑜伽健身活动的场景，很多人聚在一起认真地练习瑜伽动作，场面十分壮观。

▲ 图 10-1 航拍集体人像照片

☆专家提醒☆

外出旅游或者拍摄风光人像照片时，如果环境本身很漂亮，此时可以将无人机飞高一点，然后以 45° 俯拍人物，这是一种非常好的拍摄手法，出来的片子很有吸引力。

实例 93 航拍家庭人像

周末一家人去户外游玩，或者约上几个好友一起去乡野晒晒太阳、聊聊天，这个时候也可以使用无人机来航拍人像照片或视频，记录这段难忘的旅程。

可以从人物的正面进行拍摄，记录完整的人物特征，如图 10-2 所示；也可以将无人机升高，然后垂直 90° 向下俯拍人像，以上帝的视角来拍摄，画面感也是非常不错的，如图 10-3 所示。

▲ 图 10-2 从人物的正面进行拍摄

▲ 图 10-3 垂直 90° 向下俯拍人像

实例 94　航拍单个人像

在航拍人像照片的时候，无人机与人物主体之间不能靠得太近，要保持一定的安全距离，以免无人机的桨叶高速转动时伤到人。拍摄时，每个人的长相特点不同，适合拍摄的角度也不同，一般情况下侧脸要比正面好看，仔细观察一下人物哪个侧面更好看，可以从这个角度多拍摄一些。

另外，根据场景以及模特动作的不同，对于俯拍、平拍、近景、中景、远景中哪个角度更好看，这些都要用无人机多试拍几张后对此观察。如图 10-4 所示，这是无人机向下俯拍的画面效果，模特摆出了优美的姿势躺在草地上，画面简约而又充满艺术感。

▲ 图 10-4　航拍单个人像照片

☆专家提醒☆

航拍人像照片时，背景一定要干净，这样才能更好地表现人物。要将人物从背景中抽离出来，不能让人物与背景产生不好的关联，比如看上去人物头顶像长了树叶、长了建筑物、长了电线杆等，或者在肩膀上还有其他对象出现，这样拍摄出来的人像照片都不好看。

并不是随便航拍一张风光人像照片出来都很漂亮，想照片更加出彩，要掌握一定的构图手法，如九宫格构图、水平线构图、三分线构图以及逆光构图等，让人物处在画面中的合适位置，才能起到画龙点睛的效果。

实例 95　使用侧飞方式航拍人像

在第 3 章中详细讲解过侧飞的技巧，我们可以使用侧飞的方式来航拍人像视频，效果也是非常不错的。如图 10-5 所示，人物一直往前走，左侧不断出现新的前景，整个视频画面给人一种新鲜感，令人充满期待，想要知道前方还会有怎样的美景。

▲ 图 10-5　使用侧飞的方式航拍人像的效果

实例 96　使用 360° 环绕航拍人像

也可以使用 360° 环绕镜头来航拍人像，全方位展现人物所在的背景环境，将人物的动作和形态多角度地表现出来，这样的航拍画面更加生动、形象，更能吸引观众的眼球。如图 10-6 所示，这是在郴州高椅岭风景区使用 360° 环绕航拍的人像视频效果。

▲ 图 10-6　使用 360° 环绕航拍人像的效果

实例 97　使用向前飞行航拍人像

使用一直向前的航线来航拍人像视频时，有一种飞越的镜头感，无人机从人物头顶飞越过去，能体现出画面的速度感。如图 10-7 所示，就是使用向前飞行航拍的人像视频效果，操作的时候只需将右侧的摇杆缓慢往上推，无人机即可一直向前飞行。

▲ 图 10-7　使用向前飞行航拍人像的效果

实例 98 使用一键短片模式航拍人像

一键短片模式非常适合新手，不需要自己手动打杆，选择相应的拍摄模式后，无人机将自动进行拍摄并生成一个 10 秒的短视频，视频画面自带速度感和背景音乐，拍完以后可以直接发朋友圈或者抖音等平台，与好友分享自己旅途中的美好风光。如图 10-8 所示，即为使用一键短片模式航拍的人像视频效果。

▲ 图 10-8 使用一键短片模式航拍人像的效果

实例 99　使用智能跟随模式航拍人像

智能跟随模式是基于图像的跟随，对人物有识别功能。使用智能跟随模式拍摄人像时，镜头会锁定人像，不管无人机朝哪个方向飞行，镜头始终都会对着人像主体，这种飞行模式用来跟拍运动中的人物非常合适。如图 10-9 所示，为使用智能跟随模式航拍的人像视频效果。

▲ 图 10-9　使用智能跟随模式航拍的人像视频效果

实例 100　使用垂直 90° 向下俯拍人像

垂直 90° 向下俯拍人像是指将镜头垂直向下 90° ，然后向下拨动左侧摇杆，使无人机不断向下飞行，越来越靠近人物主体，使人物越来越清晰，如图 10-10 所示。使用垂直 90° 向下俯拍人像时，无人机要与人物对象保持一定的安全距离，以免造成人身伤害。

▲ 图 10-10　使用垂直 90° 向下俯拍人像的效果

实例 101　使用后退拉高飞行航拍人像

后退拉高的飞行手法是指镜头以俯拍的方式拍摄地面，俯拍的角度根据实际情况而定，无人机通过不断后退并拉高显示出更多的地面场景，如图 10-11 所示。实际拍摄中这种拍摄手法使用得比较多，一些影视作品中经常会出现这样的镜头，可以用来拍摄大范围的风光人像场景效果。

▲ 图 10-11　使用后退拉高飞行航拍人像的效果

第11章 汽车航拍专题

学前提示

我们在很多电影、电视剧中会看到航拍汽车的场景，比如警察在抓小偷的过程中，会拍小偷开车逃跑的画面，这时会采用航拍的手法跟拍小偷当前驾驶的汽车，这种画面极具吸引力，能够渲染一种紧张的氛围。本章主要讲解航拍汽车的多种手法，帮助大家拍出极具创意的汽车主题的短视频作品。

实例 102　使用多点构图航拍汽车

将无人机飞至高空，镜头朝下 90° 俯拍时，马路上的汽车就变成了一个个的点，有红色、白色、黑色以及蓝色等，不同颜色的汽车在路上行驶，点缀着整条马路，来往的车辆向不同的方向行驶，也使得画面极具动感，如图 11-1 所示。

▲ 图 11-1　使用多点构图航拍汽车

实例 103　在弯曲的山路上航拍汽车

当我们自驾游的时候，可以试着航拍一些山路上行驶的汽车，弯曲的山路极具线条美感，而行驶的汽车极具动感，当我们看到这些汽车时，就有一种画面在动的感觉。如果山间有许多弯弯曲曲的公路，此时可以采用俯视＋智能跟随的拍摄手法，这样可以很好地拍出汽车的动感与节奏，还能体现出山间公路的曲线美，如图 11-2 所示。

▲ 图 11-2　在弯曲的山路上航拍汽车的效果

实例 104　使用向前飞行航拍汽车

向前飞行是航拍汽车时最简单的一种飞行技巧，汽车行驶在前面，无人机跟在汽车后面飞行，主要用来交代汽车行驶的环境、路线等信息，告诉观众故事的背景。如图 11-3 所示，为使用智能跟随模式航拍的汽车画面，无人机一直在汽车的后面飞行、跟拍。

▲ 图 11-3　使用向前飞行航拍汽车的效果

实例 105　使用垂直 90° 俯拍汽车

使用垂直 90° 俯拍汽车时，可以让汽车与周围的大环境形成强烈的对比，汽车在画面中是一个一个的小点，这些小点衬托了大环境中的场景变化。如图 11-4 所示，为在立交桥上俯拍的一段汽车画面，桥面以 C 形构图呈现在观众面前，画面具有曲线美感。

▲ 图 11-4　使用垂直 90° 俯拍汽车的效果

实例 106 使用侧飞的方式航拍汽车

使用侧飞的方式航拍汽车时难度较大，因为我们不知道无人机的侧面是否有障碍物，所以要提前观察周围的环境，最好不要有电线杆。汽车在行驶中，无人机在汽车的侧面飞行，能很好地记录汽车的行驶状态和环境，如图 11-5 所示。

▲ 图 11-5 使用侧飞的方式航拍汽车的效果

实例 107　使用后退飞行的方式航拍汽车

使用后退飞行的方式航拍汽车是指无人机在汽车的正前方，汽车向前行驶，无人机向后倒退飞行，但镜头始终对着汽车的正前方，这样的画面极具速度感，很容易将观众的视线代入画面情境中，营造紧张、急迫的氛围，如图 11-6 所示。

▲ 图 11-6　使用后退飞行的方式航拍汽车的效果

实例 108　使用后退侧飞的方式航拍汽车

后退侧飞是指无人机先以后退的方式航拍汽车，然后慢慢旋转机身和镜头角度，转到汽车的侧面进行飞行，但镜头始终对准行驶中的汽车，进行跟踪拍摄，如图 11-7 所示。

▲ 图 11-7　使用后退侧飞的方式航拍汽车的效果

实例 109　使用抬头飞行的方式航拍汽车

抬头飞行是指无人机先以俯视的角度航拍汽车，然后随着汽车行驶的距离越来越远，慢慢将镜头抬起，拍摄出周围的大环境，如图 11-8 所示。

▲ 图 11-8　使用抬头飞行的方式航拍汽车的效果

第12章

夜景航拍专题

学前提示

夜景是无人机航拍中的一个难点，稍微把握不好就拍不出理想的画质，夜晚昏暗的光线容易导致画面漆黑一片糊在一起，而且噪点还非常多。那么如何才能稳稳地拍出绚丽的城市夜景呢？本章我们就介绍夜景航拍需要注意的要点，以及一些拍摄参数的设置和拍摄技巧等，帮助大家拍出炫丽、繁华的夜景作品。

实例 110　观察周围环境，提前踩点

城市的夜晚因建筑的灯光、汽车的灯光、路灯等的照亮，使得夜景也很差，但夜间航拍光线会受到很大的影响，当无人机飞到空中的时候，只能看到指示灯一闪一闪的，其他的什么都看不到。因此想要航拍应景，一定要在白天提前到拍摄地踩点，仔细观察一下拍摄地周围的环境，确认上空是否有电线或者其他障碍物，以免飞行时受环境影响造成无人机的坠毁。

夜晚当我们准备起飞无人机时，如果光线过暗，可以适当调整云台相机的感光度和光圈值来增加图传画面的亮度。如图 12-1 所示，为小光圈与大光圈的屏幕亮度对比效果。

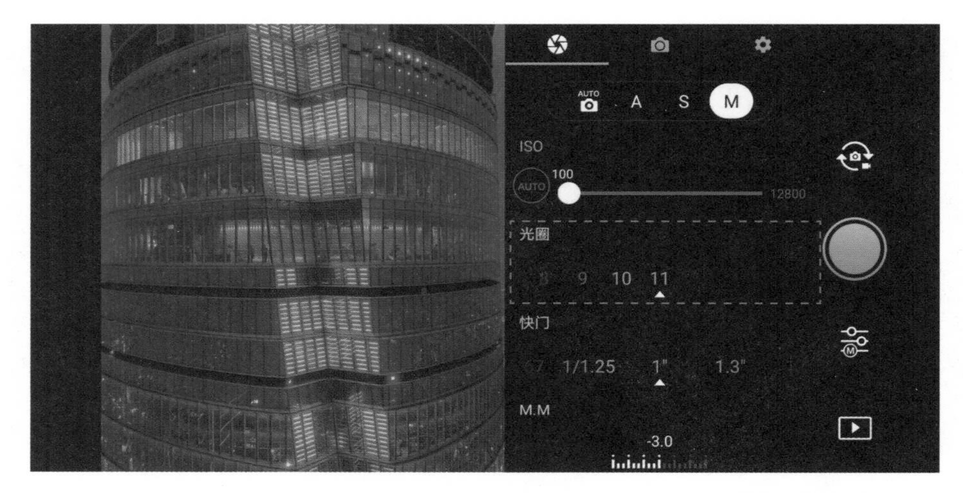

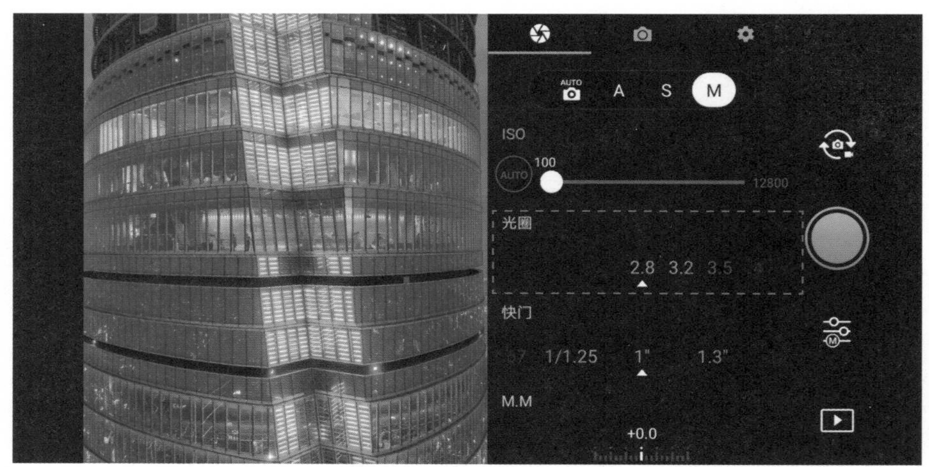

▲ 图 12-1　小光圈与大光圈的屏幕亮度对比

夜间飞行无人机时，无人机的下视避障功能会受到影响，不能正常工作，如果能通过调整感光度来增加画面亮度，也能帮助我们更清楚地看清周围的环境，但在拍摄照片前，一定要将感光度参数再调整回来，调整到正常状态，以免拍摄的照片出现过曝的情况。

实例 111　调节云台的角度，使画面不倾斜

拍摄夜景时，如果发现云台相机有些倾斜，此时可以通过“云台微调”功能来调整云台的角度，使云台回正。调节云台的方法很简单，具体操作如下。

Step 01 在 DJI GO 4 App 中点击“通用设置”按钮•••，进入“通用设置”界面，在“云台”界面中点击“云台微调”选项，如图 12-2 所示。

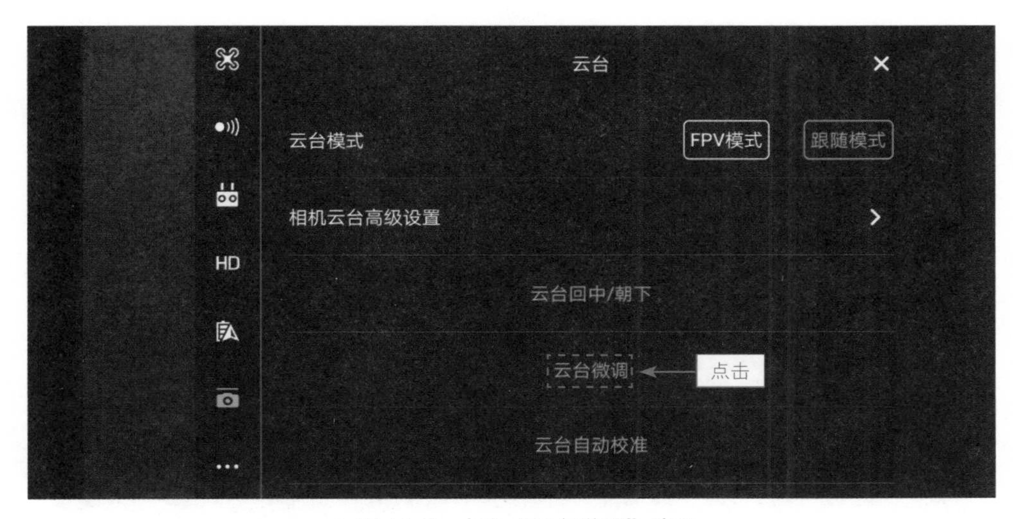

▲ 图 12-2　点击“云台微调”选项

如果在飞行中不方便打开界面，还可以利用遥控器底部 C2 键＋遥控器前侧右波轮进行调整，这种方式微调云台水平更便捷。

Step 02 图传界面中弹出提示信息框，如图 12-3 所示，提示用户可以进行水平微调和偏航微调，根据实际情况点击相应的功能对云台进行微调即可。

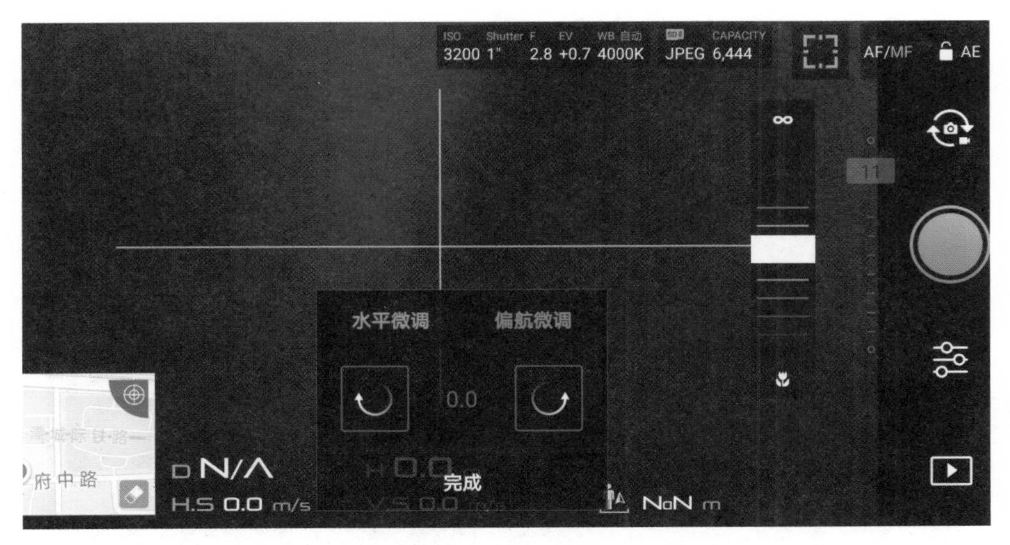

▲ 图 12-3　在提示信息框中根据实际情况选择微调选项

实例 112　设置画面白平衡，矫正视频色彩

白平衡，通过字面含义来理解就是白色的平衡。白平衡是描述显示器中红、绿、蓝三基色混合生成白色精确度的一项指标，在摄影中通过设置白平衡可以解决色彩还原和色调处理的一系列问题。

在无人机的视频设置界面中，可以通过设置视频画面的白平衡参数，使画面呈现不同的色调效果。下面介绍在设置界面中设置视频白平衡的操作方法，主要包括阴天模式、晴天模式、白炽灯模式、荧光灯模式以及自定义模式等。

Step 01 进入飞行界面，点击右侧的“调整”按钮，进入相机调整界面，❶点击按钮切换至“录像”选项卡，❷选择“白平衡”选项，如图 12-4 所示。

▲ 图 12-4　选择“白平衡”选项

Step 02 进入“白平衡”界面，默认情况下白平衡参数为“自动”模式，即由无人机根据当时环境的画面亮度和颜色自动设置白平衡的参数，如图 12-5 所示。用户也可以根据实际情况选择相应的模式。

▲ 图 12-5　设置白平衡

在无人机相机设置中，用户还可以根据不同的天气和灯光效果，自定义设置白平衡的参数，使拍摄出来的画面更符合要求。自定义白平衡参数的方法很简单，只需在“白平衡”界面中选择“自定义”选项，在下方拖曳滑块，即可自定义白平衡的参数。

无人机在夜景拍摄中受到城市多种颜色灯光干扰，自动白平衡容易有变化，从而导致视频拍摄的颜色不太正常，因此这里建议大家采用自定义白平衡，固定夜景航拍的色彩。

实例 113 设置感光度与快门，降低画面噪点

ISO 就是我们通常所说的感光度，即相机感光元件对光线的敏感程度，反映了其感光的速度。ISO 的调整有两句口诀：数值越大，对光线越敏感，拍出来的画面越亮；数值越小，对光线越不敏感，拍出来的画面越暗。因此，大家可以通过调整 ISO 感光度将曝光和噪点控制在合适的范围内。但有一点需要注意，夜间拍摄，感光度越高，画面噪点就越多。在光圈参数不变的情况下，提高感光度能够使用更快的快门速度获得同样的曝光量。感光度、光圈和快门是拍摄夜景的三大参数，但 ISO 设置为多少才适合拍摄夜景呢？对此要结合光圈和快门参数来设置。

一般情况下，感光度参数值建议设置为 ISO 100 ～ ISO 200，ISO 参数值最高不要超过 400，否则会对画质产生较大的影响，如图 12-6 所示。

▲ 图 12-6 感光度参数值的设置

快门是指控制拍照时曝光时长的参数，夜间航拍时，如果光线不太好，可以加大光圈、降低快门速度，对此可以根据实际的拍摄效果来调整。在繁华的大街上，如果想拍出汽车的光影运动轨迹，主要是延长曝光时间，拍出汽车拖光的轨迹，形成虚幻的光影线条。

如图 12-7 所示，为延长曝光时间拍摄的汽车光影效果。根据以往的操作经验来看，1 秒左右为最佳的快门速度，超过 1 秒会因无人机在空中漂移，拍摄成功率不高。快门速度过快，夜景成像不能达到最佳质量。在夜间拍摄时，最好让无人机在空中悬停 5 秒再按下拍照键或者开始录制视频，因为夜间航拍本来光线就不太好，拍出来的画面噪点较多，如果在急速飞行的状态下拍摄照片或视频，拍出来的画面肯定是模糊不清的。

图 12-7　延长曝光时间拍摄的汽车光影效果

实例 114　使用后退拉高的方式拍摄夜景

后退拉高的飞行手法可以展现出更多的夜景画面，使航拍的场景越来越大。如图 12-8 所示，是 2020 年 11 月 4 日至 11 月 10 日上海举办进博会期间，在上海外滩举办的灯光秀表演的画面，黄浦江沿岸的建筑通过增加灯光数量、调整灯光位置、优化效果，实现了两岸楼宇灯光、激光灯、光束灯与音乐的完美融合，场面十分壮观，吸引了很多人前往观看。下面两图所示的画面就是采用后退拉高的方式航拍的，将灯光秀的场景越来越多地纳入了画面。

▲ 图 12-8　使用后退拉高的方式拍摄的灯光秀场景

实例 115　使用平视侧飞的方式航拍夜景

有些建筑在夜晚的时候会开启建筑本身的外部装饰光效，同时也会从建筑的玻璃窗中透出建筑内部的照明光效，这些灯光交织在一起使得城市的夜晚也变得璀璨起来，意境非常唯美。我们可以以近景的方式进行航拍，拍出建筑的局部细节美感。如图 12-9 所示，为采用平视侧飞的方式航拍的建筑近景，展现了上海夜景的繁华，建筑的灯光非常漂亮。

▲ 图 12-9　使用平视侧飞的方式航拍夜景的效果

实例 116　使用自由延时的方式航拍夜景

使用无人机的延时摄影功能来拍摄城市建筑的夜景风光，也是非常美的。无人机会自动拍摄多张照片，并进行自动合成，在拍摄时也可以保存 RAW 原片，然后通过后期软件再进行合成。如图 12-10 所示，为在上海陆家嘴航拍的一段自由延时视频，完整地记录了城市从日落晚霞到灯火阑珊的景色变化，天空中云彩涌动，非常吸引观众眼球。

▲ 图 12-10　使用自由延时的方式航拍夜景的效果

实例 117　使用直线向前的方式航拍夜景

直线向前飞行是无人机最简单的飞行手法，用来航拍夜景也是非常不错的，首先需要寻找一条灯光色彩炫丽的街道，将无人机飞至上空，然后只需慢慢往上拨动右侧的摇杆即可，拨动摇杆的幅度不宜过大，使无人机均匀加速飞行。

停止飞行也需要慢慢往回收摇杆，使无人机均匀减速，直至停止。在影视航拍中，渐入渐出是航拍的基本准则，这样拍摄出来的稳定画面才是真正可用的画面。如图 12-11 所示，为直线向前飞行航拍的城市夜景效果。

▲ 图 12-11

▲ 图 12-11　使用直线向前的方式航拍夜景的效果

实例 118　使用俯视右移的方式航拍夜景

俯视右移是指镜头俯视朝下并向右侧移动飞行，以上帝的视角来俯视城市的繁华夜景。在航拍这样的画面时，无人机要飞得高一点，这样视角才足够广。如图 12-12 所示，为航拍的一段俯视右移的视频画面，无人机从左侧建筑向右侧马路飞行，首先拨动“云台俯仰”拨轮，调整镜头俯视朝下，然后向右拨动右摇杆，无人机即可向右侧飞行拍摄。

▲ 图 12-12　使用俯视右移的方式航拍夜景的效果

第13章

全景航拍专题

学前提示

所谓“全景摄影”就是将所拍摄的多张照片拼成一张全景图，它的基本拍摄原理是搜索两张图片的边缘部分，并将成像效果最为接近的区域加以重合，以完成图片的自动拼接。随着无人机技术的不断发展，也可以通过无人机轻松拍出全景影像作品。本章就来介绍全景航拍相关的技巧，帮助大家拍出令人震撼的全景作品。

实例 119　拍摄全景前先设置好构图

俗话说，一张好的照片，三分靠拍摄，七分靠处理。由此可知构图的重要性，同时它也直接影响了画面的表现力。在拍摄全景照片之前，同样要设置好画面的构图。

1. 水平线构图

在拍摄全景照片时，水平线构图运用得比较多，一般是天空与地景各占画面二分之一，整个画面给人以平衡、稳定的感觉，如图 13-1 所示。

▲ 图 13-1　水平线构图拍摄的全景照片

2. 三分线构图

三分线构图在全景照片中一般是天空占画面三分之一，地景占画面三分之二，地景比较美观的情况下，这种构图拍摄出来的照片效果也是非常好的，如图 13-2 所示。

▲ 图 13-2　三分线构图拍摄的全景照片

实例 120　使用球形全景航拍城市夜景

球形全景是指相机自动拍摄 26 张照片，然后进行自动拼接，拍摄完成后，用户在查看照片效果时，可以点击球形照片的任意位置，相机将自动缩放到该区域的局部细节，这是一张动态的全景照片。下面介绍设置球形全景拍照模式的具体操作方法。

Step01 在飞行界面中点击右侧的“调整”按钮，进入相机调整界面，选择“拍照模式”选项，进入“拍照模式”界面，展开“全景”选项，点击“球形”按钮，如图 13-3 所示。

▲ 图 13-3　点击“球形”按钮

Step02 执行操作后，即可拍摄一张球形全景照片，如图 13-4 所示。

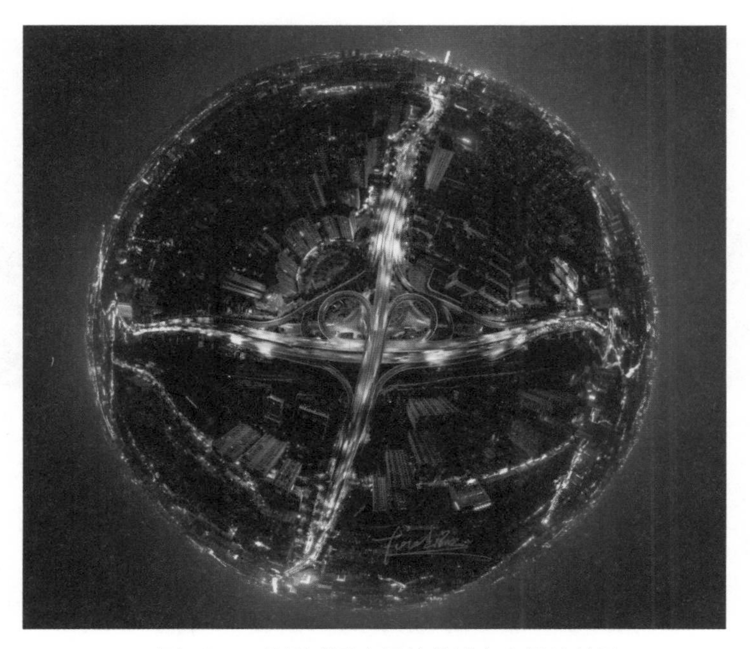

▲ 图 13-4　使用球形全景航拍城市夜景的效果

实例 121　使用 180° 全景航拍城市风光

180° 全景是航拍了 21 张照片的拼接效果，以横幅全景的方式展现出来，适合拍摄城市中的大场景风光，如城市中的建筑群或者跨江大桥等。在飞行界面中，进入“拍照模式”界面，展开“全景”选项，点击 180° 按钮，即可拍摄 180° 全景照片。

如图 13-5 所示，就是以 180° 全景航拍的上海城市夜景风光，以地平线为中心线，天空和地面各占照片的二分之一，无人机飞行在城市的上空，俯视着这个城市的夜景，灯火阑珊，夜景灯光美极了。

▲ 图 13-5　使用 180° 航拍的城市夜景风光

如图 13-6 所示，一座三汊矶大桥连接了湖南长沙河西与河东两侧，这个画面是运用横幅全景构图拍摄的，天空中左侧的夕阳很好地装饰了画面，180° 的全景将画面一分为二，天空占一半，地景占一半，全景画面显得非常大气、漂亮，极具震撼力。

▲ 图 13-6　180° 全景航拍的三汊矶大桥

实例 122　使用广角全景航拍特色古建筑

无人机中的广角全景是 9 张照片的拼接效果，拼接出来的照片呈正方形。在飞行界面中，进入“拍照模式”界面，展开“全景”选项，点击“广角”按钮，即可拍摄广角全景照片。

如图 13-7 所示，为使用广角全景模式航拍的特色古建筑，画面中的元素以地平线为中心线进行分割，天空和地景各占画面的二分之一，古建筑作为拍摄主体在画面中十分突出，给人以古朴、庄严、大气的感觉，同时广角全景、模式也很好地展现出画面的透视感。

▲ 图 13-7　使用广角全景航拍特色古建筑

☆专家提醒☆

也可以使用广角全景模式航拍城市中的地标建筑，能够展现出地标建筑宏伟的气势。

实例 123　使用竖幅全景航拍城市夜景

无人机中的竖幅全景是 3 张照片的拼接效果，竖幅全景能给观者一种向上下延伸的视觉感受，可以将画面中上下部分的各种元素紧密地联系在一起，从而更好地表达画面主题。

在飞行界面中，进入“拍照模式”界面，展开“全景”选项，点击“竖拍”按钮，即可拍摄竖幅全景照片。如图 13-8 所示，为使用竖幅全景模式航拍的上海城市夜景。

▲ 图 13-8　使用竖幅全景模式航拍的上海城市夜景

实例 124　手动拍摄多张需要拼接的全景图片

前面几个实例介绍了使用无人机自带的“全景”功能拍摄全景照片的方法，这种拍摄方法的优点是简单、方便，缺点是无人机自动完成拍摄，在拍摄中无法容纳更多想要表现的内容。因此，在接下来的几个实例中重点介绍手动拍摄多张需要拼接的全景图片，然后通过后期软件合成全景图片的方法。

手动拍摄全景图片，通常需要拍摄多张照片进行合成，因此在拍摄前需要在脑海中想象一下到底想要多大的画面，把全景照片的拍摄张数确定好，然后再开始拍摄。根据所要拍摄的全景照片的尺寸规格来推算出大致的像素，以及需要的照片数量，同时也可以将镜头焦距确定好。通常情况下，可以多试拍几张，挑出能够满足拼接质量的照片，据此估算拍摄照片的张数，实拍时可以酌情增加拍摄的张数。

如图 13-9 所示，是通过无人机拍摄的多张图片拼接而成的全景图效果。

▲ 图 13-9　通过拍摄多张图片拼接而成的全景图效果

白天使用无人机拍摄全景照片时，可以放心使用自动白平衡模式，后期通过 RAW 照片处理时，很容易设置为色调一致的白平衡。但注意在旋转云台相机镜头的时候，要尽可能多留出一些重叠的部分，通常为三分之一左右，这样后期软件在拼接时会自动计算重叠部分，截取中央最佳画质的画面，从而使全景照片的质量达到最优。

如图 13-10 所示，为在湖南郴州高椅岭景区航拍的多张 RAW 格式的照片，这些照片通过 Photoshop 后期软件拼接之后就能得到一张完整的全景照片了。

▲ 图 13-10　在高椅岭景区拍摄的多张全景照片

实例 125 使用 Photoshop 拼接航拍的全景图片

在前期拍摄的时候，要保证画面有 30% 左右的重合，这样片子才能接上。下面介绍使用 Photoshop 拼接航拍的全景图片的具体操作。

Step 01 进入 Photoshop 工作界面，在菜单栏中执行“文件”>“自动”> Photomerge 命令，弹出 Photomerge 对话框，单击“浏览”按钮，如图 13-11 所示。

Step 02 弹出相应对话框，在其中选择需要接片的文件，如图 13-12 所示。

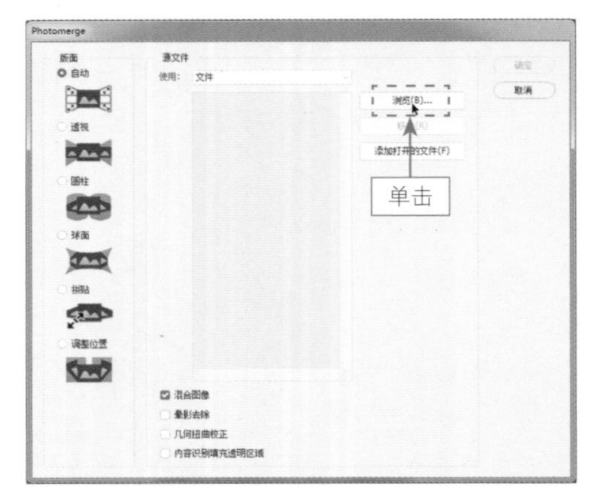

▲ 图 13-11 单击“浏览”按钮

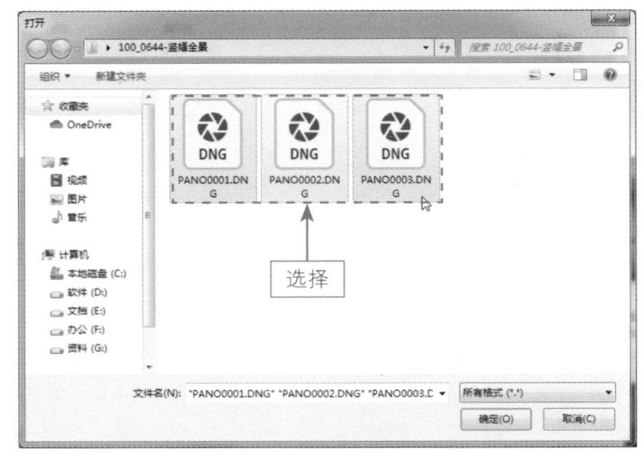

▲ 图 13-12 选择需要接片的文件

Step 03 单击“确定”按钮，返回 Photomerge 对话框，可以查看导入的接片文件，单击“确定”按钮，如图 13-13 所示。

Step 04 执行操作后，Photoshop 开始执行接片操作，并拼接完成，如图 13-14 所示。

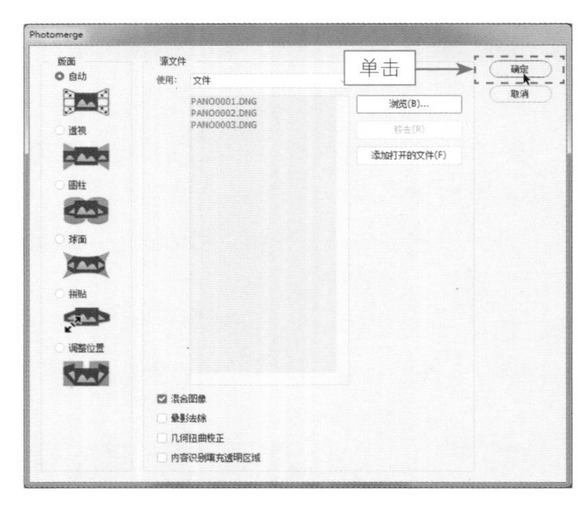

▲ 图 13-13 单击“确定”按钮

▲ 图 13-14 Photoshop 开始执行接片操作

Step 05 使用裁剪工具裁剪照片多余部分；然后在“图层”面板中选择所有图层，单击鼠标右键，在弹出的快捷菜单中选择“合并图层”选项，合并所有图层；最后对照片进行调色处理，使照片的色彩更加炫丽、美观，效果如图 13-15 所示。

图 13-15　裁剪、调色后的全景照片效果

实例 126　在 Photoshop 中制作 360° 全景小星球效果

上一实例讲解了在 Photoshop 中拼接全景照片的方法，本实例再来讲解一下如何在 Photoshop 中制作 360° 全景小星球的效果，帮助大家制作出极具个性的航拍作品。

Step01 使用无人机拍摄 360° 全景照片，参照上一实例的操作对全景照片进行拼接合成，如图 13-16 所示。

▲ 图 13-16　对全景照片进行拼接合成

Step02 使用裁剪工具裁剪照片多余部分；在“图层”面板中选择所有图层，单击鼠标右键，在弹出的快捷菜单中选择“合并图层”选项，合并所有图层；然后对照片进行调色处理（根据所拍照片的实际情况进行调色即可，也可以参考本书“后期制作篇”中相关部分的内容进行相应的调色处理），效果如图 13-17 所示。

▲ 图 13-17　对照片进行调色处理

Step03 在菜单栏中执行“图像”>“图像旋转”>“180 度”命令，对图像进行 180° 旋转操作，如图 13-18 所示。

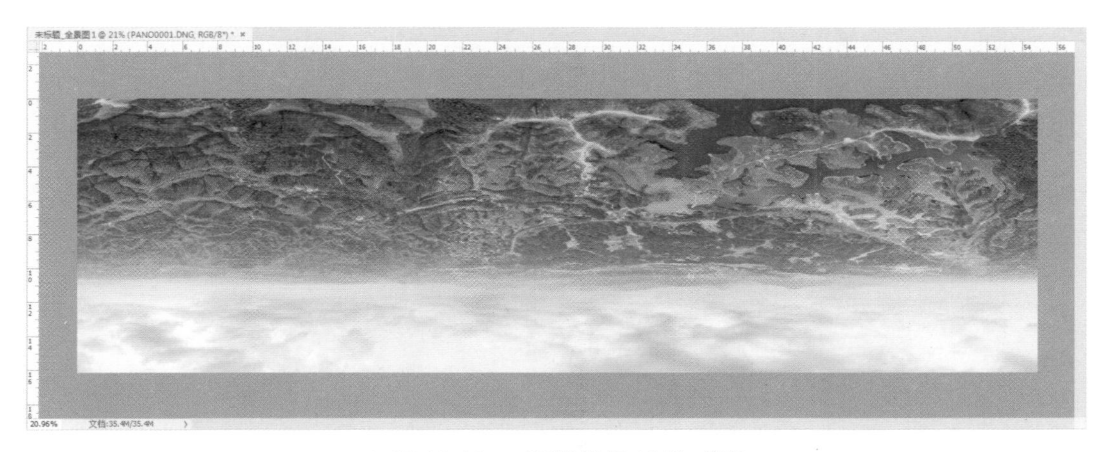

▲ 图 13-18　对图像进行 180° 旋转

Step 04 执行“图像” > “图像大小”命令，弹出“图像大小”对话框，取消限制长宽比，并设置“宽度”和“高度”均为 2000 像素，单击“确定”按钮，如图 13-19 所示。

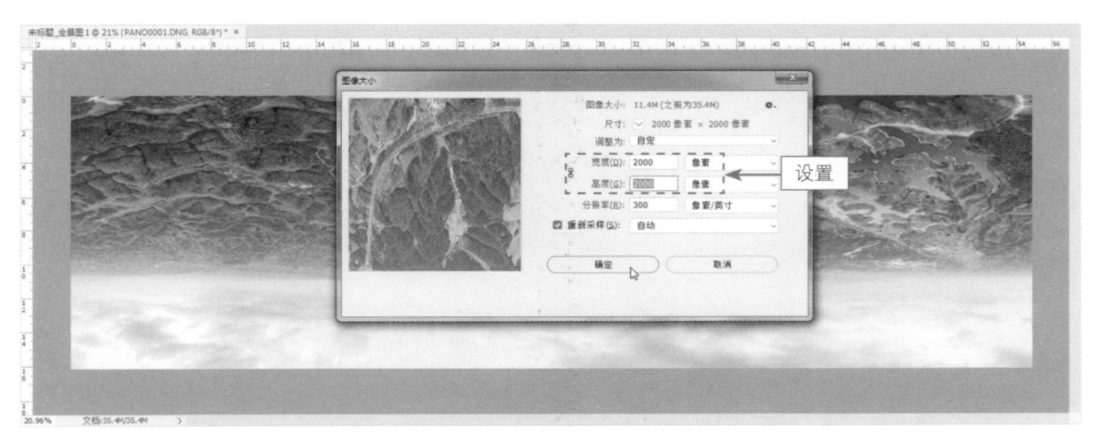

▲ 图 13-19　设置“宽度”和“高度”均为 2000 像素

Step 05 执行操作后，照片会变成上下颠倒的正方形，如图 13-20 所示。

▲ 图 13-20　照片变成上下颠倒的正方形

Step 06 执行“滤镜”>“扭曲”>“极坐标”命令，弹出“极坐标”对话框，选中“平面坐标到极坐标”单选按钮，单击“确定”按钮，如图 13-21 所示。

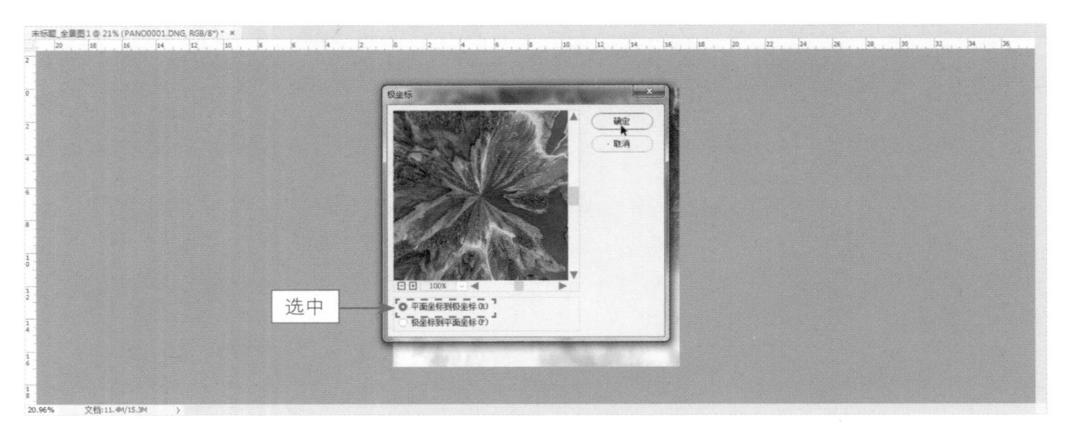

▲ 图 13-21　选中“平面坐标到极坐标”单选按钮

Step 07 执行操作后，即可制作 360° 全景小星球效果。使用 Photoshop 中的相关工具适当调整拼接处的图像过渡效果，使画面更加自然，最终效果如图 13-22 所示。

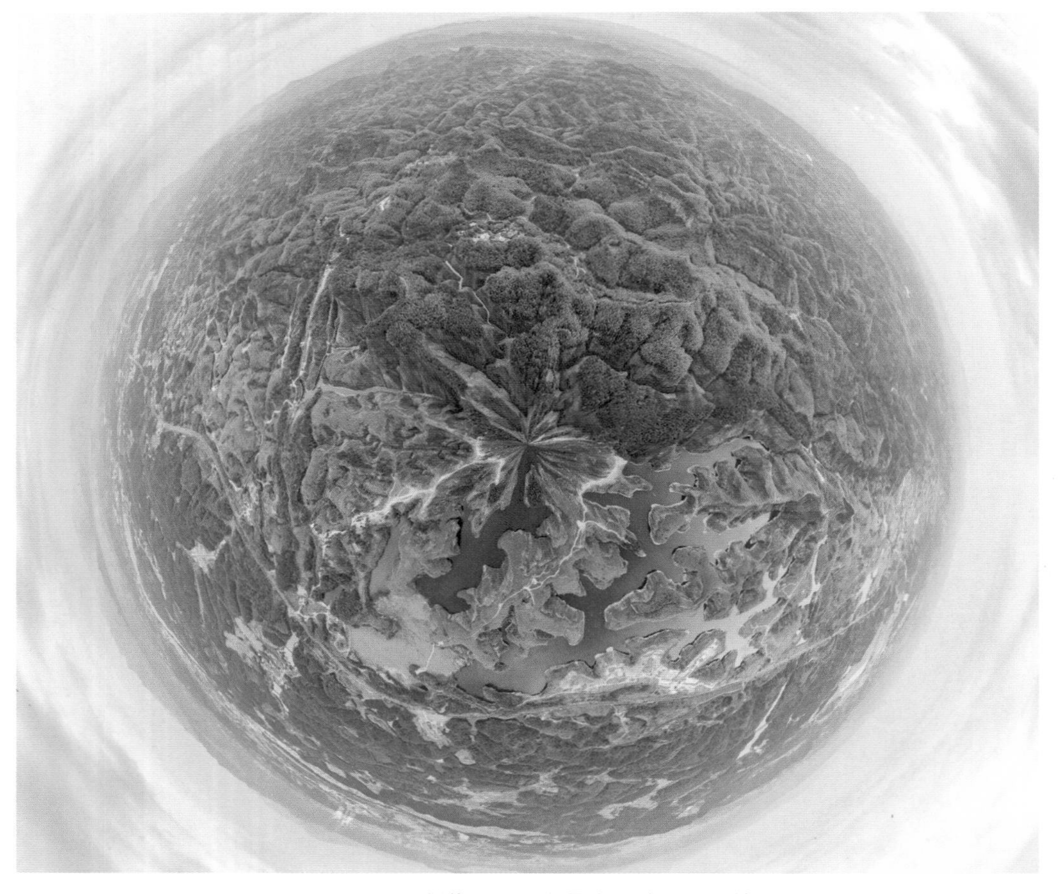

▲ 图 13-22　制作 360° 全景小星球的最终效果

实例 127　使用 720yun 制作动态全景小视频

720yun 是一款 VR 全景内容分享软件，它的核心功能包含推荐、探索以及制作全景小视频等。下面介绍使用 720yun App 制作动态全景小视频的操作方法。

Step 01 下载、安装并打开 720yun App，点击下方的➕按钮，如图 13-23 所示。

Step 02 弹出列表框，选择“发布全景图片”选项，如图 13-24 所示。

▲ 图 13-23　点击相应按钮

▲ 图 13-24　选择“发布全景图片”选项

Step 03 进入“发布全景图片”界面，点击“本地相册添加”按钮，如图 13-25 所示。

Step 04 打开“最近”界面，选择一张需要制作动态全景的素材，如图 13-26 所示。

▲ 图 13-25　点击“本地相册添加”按钮

▲ 图 13-26　选择一张照片素材

Step05 返回“发布全景图片”界面，设置作品的标题名称，如图 13-27 所示。

Step06 点击“发布”按钮，即可发布作品，并显示发布进度，如图 13-28 所示。

▲ 图 13-27 设置作品的标题名称　　▲ 图 13-28 发布作品

Step07 稍等片刻，即可预览发布完成的动态全景小视频，用手指滑动屏幕，可以查看各部分的画面效果，如图 13-29 所示。

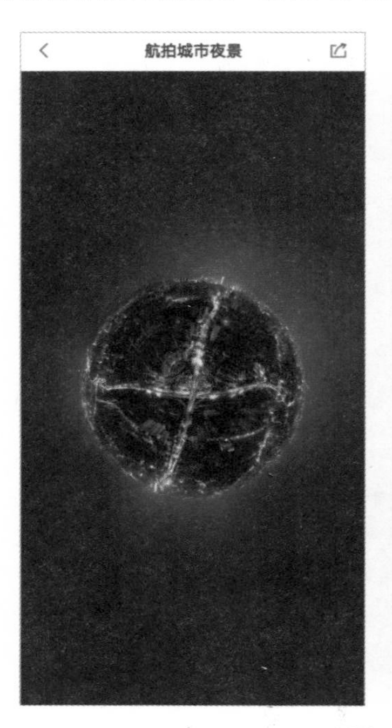

▲ 图 13-29 预览发布完成的动态全景小视频

第 14 章

直播航拍专题

学前提示

关于直播，大家最熟悉的形式就是主播坐在镜头前与观众面对面地交流，可以表现才艺，也可以直播带货。而我们使用无人机也可以进行直播，向观众展示无人机镜头所拍下的风景，通过直播与网友一起分享城市美景、大型赛车等。本章就来重点讲解直播航拍的相关内容，希望大家通过本章内容的学习能熟练掌握直播的核心技术。

实例 128　了解直播航拍的基础知识

使用无人机直播航拍画面之前，需要先了解直播航拍的基础知识，如广播电视制式和视频输出格式等内容，帮助大家更好地理解直播航拍的相关技术。

1. 了解广播电视制式

电视制式是指一个国家或者地区播放节目时所采用的特定制度和技术标准，各国的电视制式不尽相同，世界上主要使用的广播电视制式有 3 种：PAL（Phase Alternation Line）、NTSC（National Television Standards Committee）和 SECAM（Sequentiel Couleur A Memoire）。

① PAL：PAL 制式是一种被用于欧洲、非洲和南美洲的电视标准，标准的帧速率为 25 fps，我国国内市场上能买到的进口的 DV 产品都是 PAL 制式，我国也采用此制式。

② NTSC：NTSC 制式适用于韩国、日本和加拿大等国家，标准的帧速率是 29.97 fps，每帧 525 条扫描线。

③ SECAM：SECAM 制式适用于俄罗斯、法国以及埃及等国家。标准的帧速率是 25 fps，每帧 625 条扫描线，隔行扫描。它的特点是不怕干扰，彩色效果好，但兼容性差，分辨率为 720×576。

2. 了解视频输出格式

了解了广播电视制式的相关内容后，接下来还需要了解视频的输出格式。在 DJI GO 4 App 中，视频的输出格式包括 1080i50、1080i60、1080p24、1080p25、1080p30 和 1080p50 等，分辨率都是 1920×1080 的，它们只是在帧速率和扫描方式上有区别。

1080p 中的“p”是英文 progressive scan 的缩写，表示逐行扫描的意思；而 1080i 中的“i”是英文 interlaced scan 的缩写，表示交错式隔行扫描，即先扫描奇数的垂直画面，再扫描偶数的垂直画面。下面介绍各视频输出格式的相关含义。

① 1080i50：表示直播视频的分辨率为 1920×1080，刷新频率为 50Hz，隔行扫描。

② 1080i60：表示直播视频的分辨率为 1920×1080，刷新频率为 60Hz，隔行扫描。

③ 1080p24：表示直播视频的分辨率为 1920×1080，刷新频率为 24Hz，逐行扫描。

④ 1080p25：表示直播视频的分辨率为 1920×1080，刷新频率为 25Hz，逐行扫描。

⑤ 1080p30：表示直播视频的分辨率为 1920×1080，刷新频率为 30Hz，逐行扫描。

⑥ 1080p50：表示直播视频的分辨率为 1920×1080，刷新频率为 50Hz，逐行扫描。

在使用 PAL 制式标准的国家，如中国地区，直播输出的视频格式是 1080i50 的；在使用 NTSC 制式标准的国家，如美国地区，直播输出的视频格式是 1080i60 的。

实例 129　了解大疆提供的 3 种直播方式

在 DJI GO 4 App 中提供了 3 种直播方式，一种是 Facebook 直播，另一种是 YouTube 直播，还有一种是自定义直播，大家可以根据需要选择相应的直播方式进行直播操作。下面介绍在飞行界面中选择直播方式的操作步骤。

Step 01 进入飞行界面，点击界面右上角的“通用设置”按钮•••，如图 14-1 所示。

▲ 图 14-1　点击“通用设置”按钮

Step 02 执行操作后，进入“通用设置”界面，❶点击界面左下角的“更多”按钮•••，❷在右侧选择“选择直播平台”选项，如图 14-2 所示。

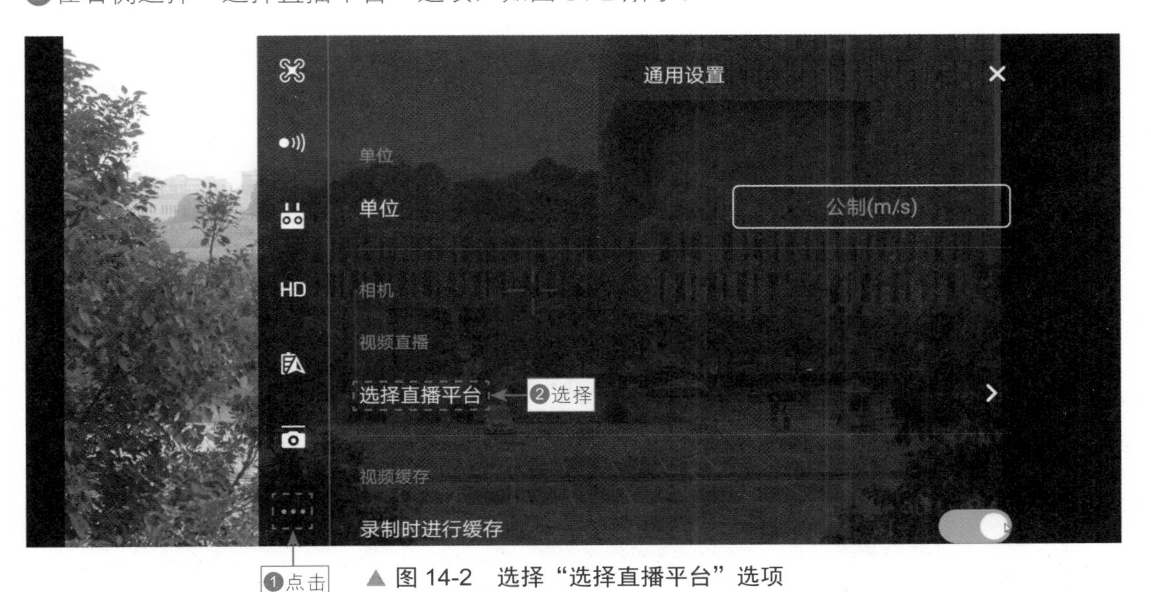

▲ 图 14-2　选择“选择直播平台”选项

☆专家提醒☆

在“通用设置”界面中，点击左侧的“图传设置”按钮HD，进入“图传设置”界面，在其中可以设置图传的信道模式和频段等信息，使直播画面更加流畅。

Step 03 进入“选择直播平台”界面，其中包括 3 种直播方式，如图 14-3 所示，点击相应的直播方式，即可进行直播航拍。

▲ 图 14-3　选择直播方式

实例 130　使用 Facebook 直播航拍

Facebook 是国外设计的一款专门用于联系朋友的社交工具，通过该平台可以与家人、同事或朋友一起分享照片和视频作品，还可以使用无人机进行直播航拍。

在“选择直播平台”界面中，点击 Facebook 按钮，进入相应界面，点击下方的“前往 Facebook”按钮，如图 14-4 所示，在打开的界面中登录 Facebook 账号信息，然后根据界面提示进行操作，即可直播航拍画面。

▲ 图 14-4　点击“前往 Facebook”按钮

实例 131　使用 YouTube 直播航拍

YouTube 是一个视频网站，早期公司位于加利福尼亚州的圣布鲁诺，该网站提供视频播放、发布、搜索以及分享等功能。下面介绍使用 YouTube 直播航拍视频的操作方法。

Step01 在“选择直播平台”界面中，点击 YouTube 按钮，进入“YouTube 直播”界面，点击“基础模式”按钮，如图 14-5 所示。

▲ 图 14-5　点击“基础模式”按钮

Step02 进入相应界面，弹出提示信息框，提示用户需要登录 YouTube 账号，点击“登录”按钮，如图 14-6 所示。

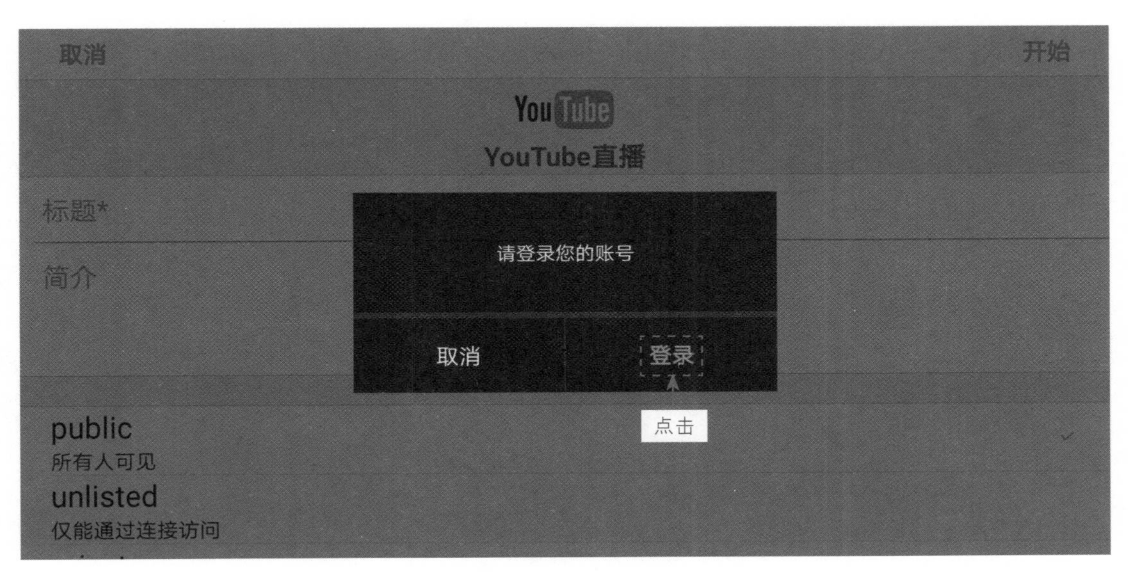

▲ 图 14-6　点击“登录”按钮

Step 03 根据界面提示，登录 YouTube 账号，然后在“YouTube 直播”界面中输入相应的信息，点击右上角的“开始”按钮，如图 14-7 所示。执行操作后，即可在 YouTube 网站上进行航拍直播操作。

▲ 图 14-7　点击“开始”按钮

实例 132　自定义 RTMP 地址进行直播

如果前面两种直播方式都不能满足大家的需求，还可以自定义 RTMP 地址进行直播。下面机长以哔哩哔哩网站直播为例，讲解自定义 RTMP 地址进行直播的操作方法。

Step 01 打开哔哩哔哩网站的后台，单击“复制”按钮，复制 RTMP 地址和直播码，选择好直播分类，开始直播，如图 14-8 所示。

▲ 图 14-8　复制 RTMP 地址和直播码

Step 02 返回“选择直播平台”界面中，点击“自定义直播”按钮，进入“创建自定义直播”界面，在下方地址栏中粘贴 RTMP 地址信息和直播码，如图 14-9 所示。

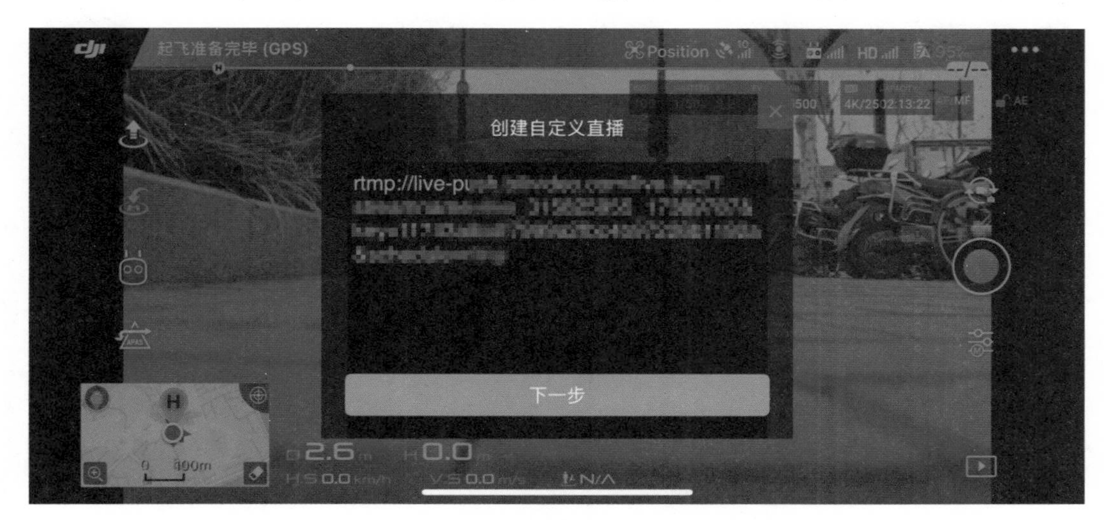

▲ 图 14-9 粘贴 RTMP 地址信息和直播码

Step 03 点击“下一步”按钮，界面中提示“开始视频直播”的信息，点击“开始”按钮，如图 14-10 所示。

▲ 图 14-10 点击“开始”按钮

☆专家提醒☆

大家在直播前一定要注意检查一下网络连接，保证 WiFi 或移动网络已经打开，如果是通过 WiFi 连接的设备，需要在网络环境下才能直播。

Step 04 进入直播航拍界面，左上角显示了“直播中”的相关信息，表示直播成功，如图 14-11 所示。

▲ 图 14-11　进入直播航拍界面

Step 05 此时，在机长的 B 站主页中也可以查看正在直播的画面，如图 14-12 所示。

▲ 图 14-12　在 B 站查看正在直播的画面

第15章 延时航拍专题

学前提示

延时摄影又叫缩时摄影，是一种将时间压缩的拍摄技术。延时摄影能够将时间大量压缩，将几个小时中拍摄的画面通过串联或者抽掉帧数的方式压缩到很短的时间内播放，从而呈现出一种视觉上的震撼感。如今大疆御2的机器已经内置了延时拍摄功能，新手也可以轻松拍摄出科幻级的延时摄影大片。

实例133　航拍延时的特点

航拍延时的最终效果是压缩视频的时间，它具有以下特点：

① 可以压缩时间，航拍延时可以将航拍的20分钟的素材在10秒钟内，甚至是5秒钟内播放完毕，展现时间飞逝的效果。

② 航拍延时推荐使用拍摄照片的形式，然后通过后期合成，这样占据的内存空间要比记录20分钟的视频空间小很多。

③ 航拍延时的素质高，夜景快门速度可以延长至1秒拍摄，能轻松控制噪点。

④ 航拍延时可以长曝光，快门速度达到1秒后，车子的车灯和尾灯就会形成光轨。

⑤ 用户可以选择拍摄DNG照片原片，后期调整空间大，相当于保留了一份可以媲美悟2DNG序列高素质的航拍镜头。

实例134　航拍延时的拍摄要点

航拍延时不同于地面延时拍摄，无人机在高空受限于GPS和气压计的误差，时刻在调整运动中，加上大疆三轴电子稳定的摄像头也有一定的漂移，导致航拍延时最终的结果都会有一定程度的抖动。为了后期容易去抖动，机长结合自己的经验总结了一套航拍延时的拍摄要点，具体介绍如下。

① 飞行高度要尽量高，距离最近拍摄物体有一定距离后，可以适当忽略无人机带来的飞行误差。

② 一定要采用边飞边拍的智能飞行模式拍摄，自动飞行远比停下来拍摄要稳定，也比手动操作要来得稳定。

③ 飞行速度要慢，一是为了使无人机在相对稳定的速度下拍摄，不至于使拍摄的画面模糊不清；二是因为航拍延时要拍摄20分钟左右的时间，只有很慢的速度才能使最终视频播放速度恰当。

④ 间隔越短越好，建议使用御2延时航拍模式进行拍摄，可以达到2秒间隔拍摄DNG的能力，其他的无人机只能通过手动按快门的方式来实现。

⑤ 避免前景过近，后景层次太多。无人机毕竟有误差，前景过近和后景层次太多都会影响后期的画面稳定性，导致无法修正视频抖动的情况。

⑥ 要熟悉无人机最慢可以接受的慢门速度，根据机长的测试，1.6秒的快门速度延时清晰度就会急剧下降，建议快门速度控制在1秒左右为佳。

实例135　一定要保存RAW原片

在航拍延时的时候，一定要保存延时摄影的原片，否则相机在拍摄完成后只能合成一个1080p的延时视频，这个像素一般满足不了我们的需求，只有保存了原片，后期调整空间才会更大，制作出来的延时效果才会更好。下面介绍保存 RAW 原片的操作方法，具体步骤如下。

Step01 在飞行界面中，❶点击右侧的“调整”按钮，进入相机调整界面；❷点击右上方的“设置”按钮，进入相机设置界面，如图 15-1 所示。

▲ 图 15-1　进入相机设置界面

Step02 ❶点击“保存延时摄影原片”右侧的开关按钮，打开该功能；❷在下方点击 RAW 格式，如图 15-2 所示，即可完成保存 RAW 原片的设置。

▲ 图 15-2　选择 RAW 格式

实例 136　航拍之前的准备工作

延时拍摄需要花费大量的时间成本，有时候好几个小时才能拍出一段理想的片子，如果想要提高拍片的效率，事先做好航拍的准备工作是非常必要的。下面介绍延时航拍前需要重点关注的几项准备工作。

① SD 卡对于延时拍摄很重要，在连续拍摄的过程中，如果 SD 卡缓存较慢，则很容易导致卡顿，甚至会出现漏拍的情况。因此最好准备一张大容量、高传输速度的 SD 卡。

② 设置好拍摄参数，白天和夜晚推荐使用 M 档拍摄，拍摄中根据光线变化调整光圈、快门速度和 ISO。日出和日落时段因为光线变化太快，建议采用自动档进行拍摄，自动模式下也可以锁定 ISO 值，如锁定为 200，就可以达到最佳的画面质量。

③ 白天拍摄延时建议配备 ND64 滤镜，降低快门速度到 1/8 秒及以下，达到延时视频适度动感模糊自然的效果。

④ 对焦设置建议采用手动对焦，还要避免拍摄途中出现虚焦的情况。

实例 137　御 2 的航拍延时模式

御 2 自产品发布后，内置的延时功能就一直深受广大飞友喜爱，很多人都没想到大疆可以内置延时拍摄自带合成功能。如果航拍新手想要尝试航拍延时，建议从御 2 内置的延时功能开始学习，熟练以后再根据拍摄需求增加自定义拍摄方法。

御 2 共包含 4 种延时摄影模式，即自由延时、环绕延时、定向延时和轨迹延时，选择相应的拍摄模式后，无人机将在设定的时间内自动拍摄一定数量的照片，并生成延时视频。在接下来的几个实例中将分别介绍"延时摄影"的这 4 种飞行模式，详细介绍拍摄视频的操作方法。

这里先介绍进入"延时摄影"模式的操作方法，在 DJI GO 4 App 飞行界面中，点击左侧的"智能模式"按钮，在弹出的界面中点击"延时摄影"按钮，进入"延时摄影"拍摄模式，下方提供了 4 种延时拍摄方式，如图 15-3 所示，根据需要选择相应的模式进行拍摄。

▲ 图 15-3　进入"延时摄影"拍摄模式

实例 138　延时一：自由延时拍法

在“自由延时”模式下，可以手动控制无人机的飞行方向、朝向、高度和摄像头俯仰，如图 15-4 所示。

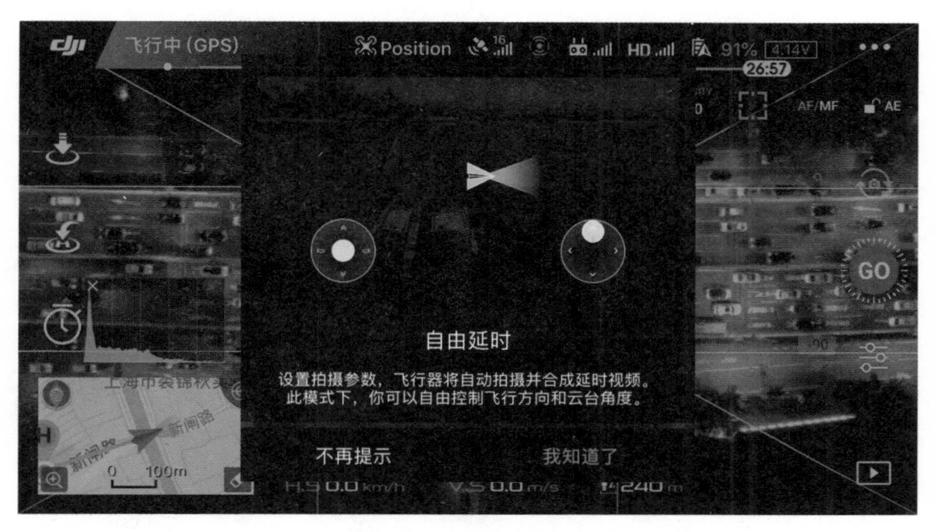

▲ 图 15-4　“自由延时”模式

御 2 功能强大的一点，就是加入了类似汽车定速巡航的功能，按遥控器背后的 C1 或 C2 键，可以记忆当前的方向和速度，如图 15-5 所示，然后以记录的杆量继续飞行。

▲ 图 15-5　按 C1 或 C2 键可以定速巡航

如图 15-6 所示，这是一段向前飞行的延时镜头，先控制御 2 飞行到空中，开启延时拍摄模式，然后打杆往前飞，控制飞行速度为 1m/s 左右后，按 C1 或 C2 键开启定速巡航功能，就可以松开遥控器摇杆了，轻松记录上海夜景建筑中灯光的不断变化，以及路口中车流行驶的运动变化，整个延时视频看上去非常流畅，极具吸引力。

▲ 图 15-6　自由延时视频

实例 139　延时二：环绕延时拍法

环绕延时也是御 2 特有的功能，依靠御 2 强大的处理器和算法，无人机可以自动根据框选的目标计算环绕中心点和环绕半径，用户可以选择顺时针或者逆时针进行航拍延时拍摄。

环绕延时在选择目标对象时，尽量选择视觉上没有明显变化的物体对象，如图 15-7 所示，或者在整段延时拍摄过程中不会有遮挡的物体，这样就能保证航拍延时不会因兴趣点无法追踪而失败。框选目标成功后，选择拍摄间隔和视频时长，然后点击 GO，飞行器将以目标为中心自动计算环绕半径，随后开始拍摄。

▲ 图 15-7　框选目标并设置参数

☆专家提醒☆

入夜后，建筑物的灯光，会影响无人机的目标追踪功能，从而导致拍摄失败。这种情况下，建议大家不要采用环绕延时的方式进行拍摄。

如图 15-8 所示，这是在上海陆家嘴上空围绕塔吊进行环绕拍摄的一段延时视频，交代了塔吊所处的环境，以及塔吊的工作状态。

图 15-8

▲ 图 15-8　环绕延时视频

实例 140 延时三：定向延时拍法

定向延时是指无论无人机的机头朝向如何，飞行器将按设置好的方向进行拍摄，并合成延时视频。定向延时根据当前无人机朝向设定飞行方向，如果不修改无人机的镜头朝向，无人机则向前飞行。如果需要自定义无人机的镜头朝向，旋转 90° 就是侧飞，旋转 180° 则变成倒飞航拍延时。用户也可以框选兴趣点，在定向直线飞行途中无人机机头始终对准拍摄目标，如图 15-9 所示。

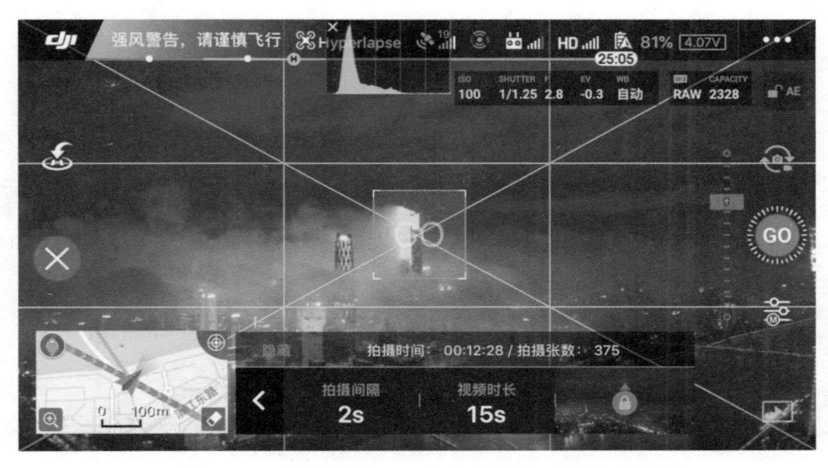

▲ 图 15-9 框选兴趣点，让机头始终对准拍摄目标

如图 15-10 所示，这段延时视频是傍晚蓝调时段拍摄的，运用了定向延时兴趣点锁定的手法拍摄，摄像头始终对准三汉矶大桥，记录了桥上车流光影的变化，展现了繁华的夜景。

▲ 图 15-10

▲ 图 15-10　定向延时视频

实例 141 延时四：轨迹延时拍法

使用“轨迹延时”拍摄模式时，可以在地图路线中设置多个航点，用户需要预先飞行一遍无人机，到达所需的高度和朝向后添加航点，记录无人机的高度、朝向和摄像头角度。全部航点设置完毕后，可以按正序或倒叙方式执行轨迹延时航拍。推荐采用倒叙拍摄，规划好最后一点航点后，就可以就近执行延时航拍任务了，如图 15-11 所示。

进入轨迹延时拍摄模式

已规划好飞行轨迹

▲ 图 15-11 执行轨迹延时航拍

轨迹延时还能保存轨迹任务，用户可以多次测试调整保存好最佳的轨迹，如图 15-12 所示，等到日出、日落等最佳时间点再执行拍摄任务，可以拍摄到最佳的画面。

▲ 图 15-12　保存轨迹任务

有了轨迹任务，用户还可以白天和晚上各拍摄一次，然后在后期剪辑软件中对齐合成，最终可以剪辑出跨越时间大的超现实航拍延时作品，如图 15-13 所示。

▲ 图 15-13　跨越时间大的超现实航拍延时作品

第16章 电影航拍专题

学前提示

无人机航拍早已涉足电影领域，很多电影中大场景的俯视镜头的画面都是使用无人机航拍的，这种高空俯视的镜头一般不常见，因为稀有，所以极具表现力。本章就来重点介绍电影航拍的相关知识，以及电影剧情的一些航拍技巧，帮助大家航拍出满意的影视精彩片段。

实例 142　了解一部电影的制作流程

一部电影的制作流程主要包括 3 个阶段：前期准备阶段、实战拍摄阶段以及后期剪辑阶段，下面以图解的方式进行解析，如图 16-1 所示。

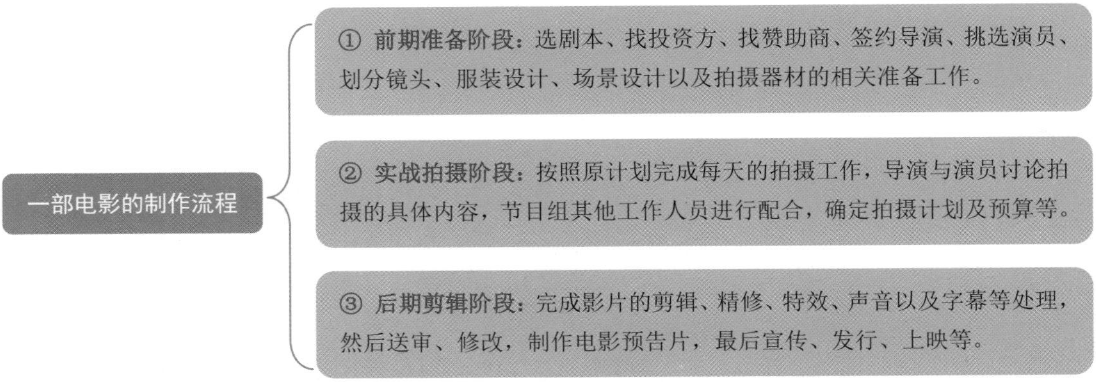

一部电影的制作流程

① **前期准备阶段：**选剧本、找投资方、找赞助商、签约导演、挑选演员、划分镜头、服装设计、场景设计以及拍摄器材的相关准备工作。

② **实战拍摄阶段：**按照原计划完成每天的拍摄工作，导演与演员讨论拍摄的具体内容，节目组其他工作人员进行配合，确定拍摄计划及预算等。

③ **后期剪辑阶段：**完成影片的剪辑、精修、特效、声音以及字幕等处理，然后送审、修改，制作电影预告片，最后宣传、发行、上映等。

▲ 图 16-1　电影的制作流程

现在，随着无人机技术的不断成熟，无人机航拍不仅用于实战拍摄阶段，也用于前期的准备阶段。当节目组设计了一些拍摄场景后，可以使用无人机进行高空可视化预览，降低导演、摄影指导以及置景等工作人员的沟通成本，提高电影的拍摄效率。

实例 143　理解电影剧本，做拍摄计划

使用无人机航拍电影之前，需要先理解剧本，明白剧本要表达的意境。摄影组需要判断在这一场戏中使用什么样的镜头拍，是采用近景、中景还是远景？阅读剧本的时候，要理解每一场戏的核心内容，明确想要表达什么样的情绪，在哪些场景下拍摄更能表现人物的情感？这些都要通过剧本内容来获取相关信息。

以某剧本片段为例：

“66、上海中心大厦　　夜　　外内”

深夜 10 点，小雅还在 CBD 的办公楼里，坐在办公室里写年终总结。这个时候还有一些同事也在加班，忙着明天公司要举办的周年庆典活动。因为白天工作上出了一系列的事情，导致小雅的心情很复杂，脸上带着忧愁。小雅去泡了一杯咖啡，站在办公室的窗前，望着窗外繁华的上海夜景，她在心里告诉自己，一定要努力留下来……

① “66”是场号，表示这是第 66 场戏。

② “上海中心大厦”表示电影的拍摄场景。

③ “夜”表示夜晚。

④ “外内”表示既要拍外景，也要拍内景。

之后的文字部分是剧本的正文内容，也是拍摄的主体部分。

① “深夜 10 点，小雅还在 CBD 的办公楼里，坐在办公室里写年终总结。”根据这话句的内容，航拍团队可以对画面进行预演，确定用哪些镜头进行拍摄。例如，无人机拍摄的机位可以在窗户外面，隔着玻璃幕墙，采用平视的角度拍摄正在加班的小雅。

② “这个时候还有一些同事也在加班，忙着明天公司要举办的周年庆典活动。”这句话描述的是办公室中的其他同事，也可以采用航拍的手法进行拍摄，航拍团队可以对画面进行预演，例如无人机在窗外可以拍摄办公楼的大场景，拍摄办公楼里亮起的灯光，以及同事在加班、交流的情景等，如图 16-2 所示。

▲ 图 16-2　对画面进行预演

③ “小雅去泡了一杯咖啡，站在办公室的窗前，望着窗外繁华的上海夜景，她在心里告诉自己，一定要努力留下来。”这段话的开头，可以先在室内以近景的方式拍摄小雅泡咖啡的动作，当小雅走向窗边望着窗外繁华夜景的时候，可以航拍一段上海的夜景风光，可以以俯拍的方式向前飞行航拍，如图 16-3 所示。

▲ 图 16-3　航拍一段上海的夜景风光

实例 144　电影中空镜头的航拍技巧

空镜头是指景物镜头，常用来介绍故事的环境背景，交代时间、空间，或者抒发人物情绪等。我们在电影画面中经常会看到一些城市的空镜头，或者是建筑风光的空镜头，具有说明、暗示、象征或隐喻等作用，能够渲染意境、烘托氛围。

空镜头往往用全景或者远景表现，是加强影片艺术表现力的重要手段。如图 16-4 所示，是航拍的一段城市空镜头画面，用来交代故事的环境背景。

▲ 图 16-4　航拍的一段城市空镜头画面

上面这种夜景空镜头，主要有 3 种航拍方式：

① 采用固定镜头航拍：无人机悬停在空中，拍摄固定机位的延时视频，记录繁华的城市夜景，灯光四射，极具魅力。

② 采用直线向前航拍：无人机一直往前飞行，拍摄上海的繁华地段，一般适用于开场镜头，预示在这里将上演一段怎样的故事。

③ 采用旋转镜头航拍：无人机从一侧转到另一侧，一般适用于从一个场景过渡至下一个故事发生的场景。

实例 145　电影中人物剧情的航拍技巧

在航拍人物剧情的时候，一般以俯视的角度拍摄，将人物的动作和周围的环境展示出来，无人机以近距离跟踪人物进行拍摄，拍摄的机位应该在人物的后方，也可以采用环绕飞行的方式从人物后方飞至人物的前方，飞行中镜头焦点始终对准人物主体。

如图 16-5 所示，为无人机在人物后面进行追踪航拍的画面，用全景的方式表现了人物剧情与环境背景。

▲ 图 16-5　无人机在人物后面进行追踪航拍的画面

实例 146　电影中汽车剧情的航拍技巧

在电影中，有时候会有这样一段故事：一个人开车在前面跑，后面有人在开车追，后面的人想尽快追上前面开车的人。这种追车剧情的拍摄，可以采用航拍来实现，将两辆汽车都拍进画面，让观众一目了然。

如图 16-6 所示，就是航拍的一段追车剧情的画面，白色的车在追前面橘红色的车，无人机在两辆车子的正前方，采用后退倒飞的手法进行拍摄，画面极具速度感，渲染了一种紧张的氛围，将观众的情绪与感受带入电影画面中。

▲ 图 16-6　航拍的一段追车剧情的画面

如果要讲述一段公交车上的故事，可以以远景的方式航拍一段公交车行驶的状态，展示公交车所在的环境，如图 16-7 所示。

▲ 图 16-7　航拍公交车行驶的状态

实例 147　电影中一镜到底的航拍技巧

采用一镜到底的拍摄手法展示的画面极具吸引力，如图 16-8 所示。这样的航拍镜头一般在电影的开头使用较多，用于交代接下来在这个地方将会发生什么样的故事。

▲ 图 16-8　电影中一镜到底的航拍镜头

第四篇

后期制作篇

第17章

使用手机处理航拍照片

学前提示

使用手机 App 可以快速处理航拍的照片，即时分享到朋友圈中。本章重点介绍了使用美图秀秀 App 处理航拍照片的方法。美图秀秀独有的图片特效、拼图、场景以及边框等功能，加上每天更新的精选素材，可以让用户快速修出精美的航拍照片，还能一键分享到各大热门社交网络。

实例 148　裁剪照片的尺寸

在航拍的时候，有些照片的构图不太理想，需要通过后期裁剪的方式对照片进行二次构图。下面介绍使用美图秀秀 App 裁剪照片的具体操作。

Step 01 在美图秀秀 App 中打开照片，点击左下角的“编辑”按钮，如图 17-1 所示。

Step 02 执行操作后，进入“裁剪”界面，可以通过自由裁剪或按一定比例裁剪的方式来裁剪照片，效果如图 17-2 所示。

▲ 图 17-1　点击“编辑”按钮

▲ 图 17-2　进入“裁剪”界面

Step 03 裁剪的比例包括 1∶1、2∶3、3∶2、3∶4、4∶3、9∶16、16∶9 等多种形式。如图 17-3 所示，为点击 9∶16 按钮裁剪照片的效果。

Step 04 也可以选择自由裁剪模式，点击“自由”按钮后，拖曳预览区中的裁剪框，选定要裁剪的区域，如图 17-4 所示。

▲ 图 17-3　按 9∶16 裁剪照片

▲ 图 17-4　自由裁剪照片

Step05 确定裁剪区域后，点击“确认裁剪”按钮，即可完成照片裁剪操作，效果如图 17-5 所示。

▲ 图 17-5　完成照片裁剪的效果

实例 149　调整照片影调与色彩

使用无人机拍摄照片时，难免会因为相机设置以及环境的影响而失去原有的色彩平衡，使用美图秀秀 App 可以对航拍照片的亮度、对比度、色温、饱和度、高光、暗部进行调整，还可以运用智能补光调整照片影调。下面介绍调整照片影调与色彩的方法。

Step01 在美图秀秀 App 中打开照片，点击左下角的“调色”按钮，进入“光效”界面，如图 17-6 所示。

Step02 向右拖曳“智能补光”滑块，将参数调整为 1，给画面补光，如图 17-7 所示。

Step03 设置“对比度”参数为 11，调整画面对比度效果，改善光线，如图 17-8 所示。

▲ 图 17-6　进入“光效”界面

▲ 图 17-7　调整智能补光

▲ 图 17-8　调整画面对比度

Step 04 设置“饱和度”参数为 30，调整画面饱和度效果，增强色彩，如图 17-9 所示。

Step 05 设置“色温”参数为 -42，调整画面的色温与色彩平衡，如图 17-10 所示。

Step 06 设置“高光”参数为 -42，降低照片的高光效果，如图 17-11 所示。

▲ 图 17-9　调整饱和度

▲ 图 17-10　调整色温

▲ 图 17-11　调整高光

Step 07 设置“暗部”参数为 -20，改善画面暗部效果，如图 17-12 所示。

Step 08 完成照片的调色操作，最终效果如图 17-13 所示。

▲ 图 17-12　改善暗部

▲ 图 17-13　调色后照片的最终效果

实例 150　使用滤镜一键调色

美图秀秀 App 不仅可以对照片的色彩、构图等进行修复，还可以一键轻松生成几十种风格特效、美颜特效以及艺术格调等，快速将普通的照片变成唯美而个性的影楼级照片，还可以为同一张照片添加多种特效，制作出与众不同的艺术照效果。

在美图秀秀 App 中打开照片，点击底部的“滤镜”按钮，进入“滤镜”界面，点击相应的效果缩览图，即可应用相应特效，效果如图 17-14 所示。

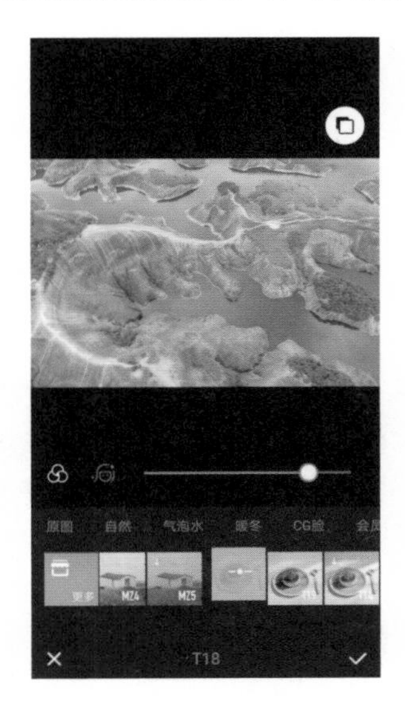

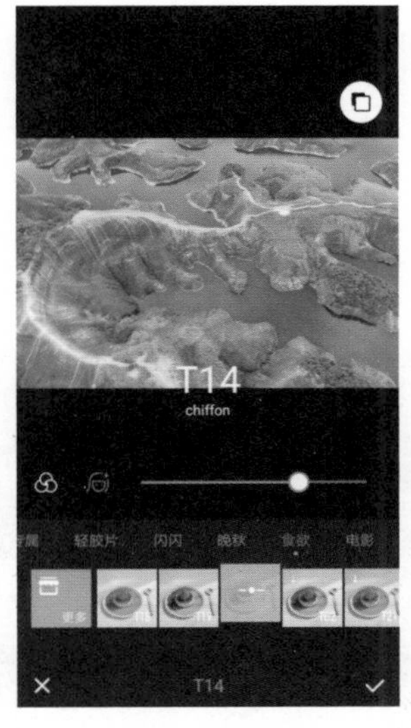

▲ 图 17-14　使用滤镜调色

实例 151　去除照片中的污点

美图秀秀 App 中的“消除笔”工具在修饰小部分图像时经常用到，“消除笔”工具不需要指定采样点，只需在照片中有杂色或污渍的地方点击进行涂抹，即可修复图像。

Step 01 在美图秀秀 App 中打开照片，点击底部的“消除笔”按钮，如图 17-15 所示。

Step 02 在画面中需要去除的湖中树木处进行涂抹，涂抹痕迹呈黄色显示，如图 17-16 所示。

Step 03 涂抹完成后点击对勾确认，即可对画面进行修复操作，效果如图 17-17 所示。

▲ 图 17-15　点击消除笔

▲ 图 17-16　涂抹污点

▲ 图 17-17　修复画面

实例 152　给画面添加边框装饰

美图秀秀 App 提供了多种类型的边框素材，可以根据航拍照片的风格为其添加相应的边框效果，使照片更具观赏性。

Step 01 在美图秀秀 App 中打开需要添加边框的照片，点击底部的“边框”按钮，默认进入“海报边框”界面，点击相应的海报边框缩览图，即可应用边框效果，如图 17-18 所示。

Step 02 进入“简单边框”界面，可以为照片添加简单边框，如图 17-19 所示。

Step 03 进入“炫彩边框”界面，可以为照片添加炫彩边框，如图 17-20 所示。

▲ 图 17-18　海报边框

▲ 图 17-19　简单边框

▲ 图 17-20　炫彩边框

实例 153　为照片添加文字装饰

在美图秀秀 App 中，可以根据需要在照片中添加相应的文字，点明照片的主题，表达拍摄者的思想。在照片上适当添加修饰文字，还可以对照片起到画龙点睛的效果，让普通照片变得精致起来。下面介绍为照片添加文字的具体操作。

Step 01 在美图秀秀 App 中打开照片，点击下方的“文字”按钮，如图 17-21 所示。

Step 02 进入编辑界面，上方显示文本框，在下方选择“北京”模板，如图 17-22 所示。

Step 03 即可应用文字模板，显示了相应的地点名称，如图 17-23 所示。

Step 04 点击文字，进入编辑界面，更改文字的内容，并将字体颜色设置为黑色，然后将文本框移至界面左上角位置，如图 17-24 所示。

Step 05 对文字进行缩放操作，并旋转文字的角度，如图 17-25 所示。

▲ 图 17-21　点击“文字”按钮

▲ 图 17-22　选择“北京”模板

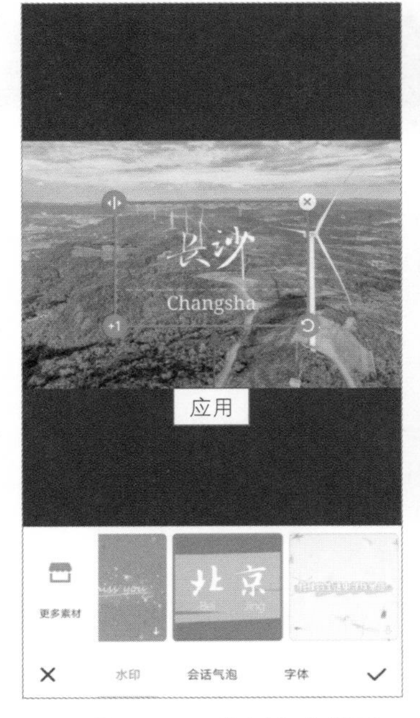

▲ 图 17-23　应用文字模板

▲ 图 17-24　更改文字内容

▲ 图 17-25　调小文字内容

Step 06 文本制作完成后点击对勾确认，效果如图 17-26 所示。

▲ 图 17-26　为照片添加文字的效果

实例 154　制作多张照片的拼图效果

使用无人机航拍风景时，有时一个景点换了不同的角度进行拍摄，就会是不同的效果。因此拼图功能对于喜欢制作相册或者经常发布长图的人来说，非常好用，它可以让我们随心所欲地处理多张照片，打造出不同的照片风格。美图秀秀 App 具有海报拼图、图片拼接、模板拼图、自由拼图等多种拼图模式，下面介绍制作多张照片拼图效果的操作方法。

Step01 进入美图秀秀 App 主界面，点击“拼图”按钮，如图 17-27 所示。

Step02 进入“图片和视频”界面，选择需要拼图的素材，这里选择 3 张航拍的夜景照片，如图 17-28 所示。

Step03 点击“开始拼图”按钮，进入“拼图”界面，选择相应的海报拼图样式，效果如图 17-29 所示。

Step04 点击“自由”标签，可以进行自由拼图，效果如图 17-30 所示。

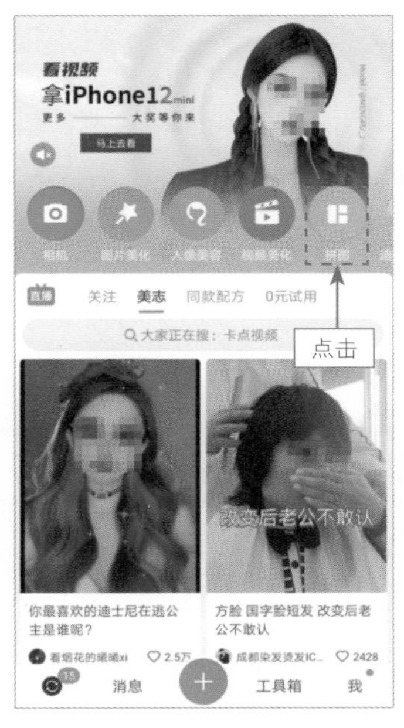

▲ 图 17-27 点击“拼图”按钮

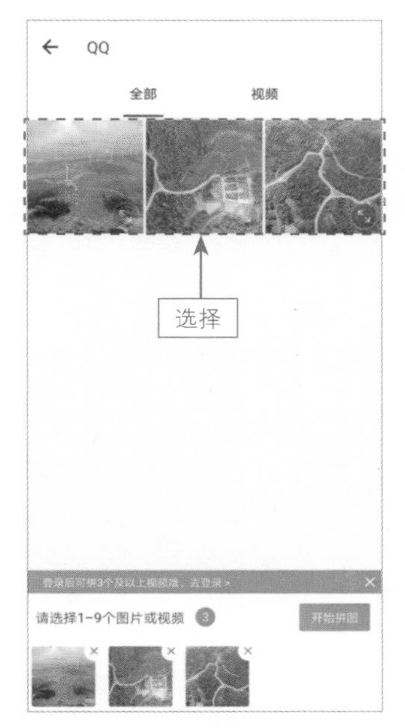

▲ 图 17-28 选择 3 张航拍的夜景

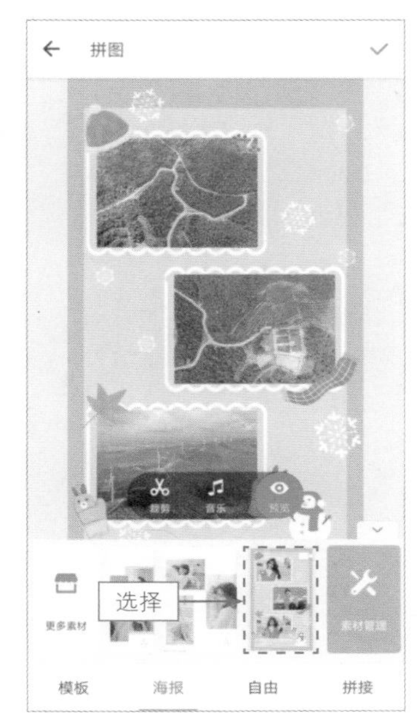

▲ 图 17-29 应用海报拼图样式

Step05 点击“拼接”标签，选择相应的拼接模板，可以拼接长图片，如图 17-31 所示。

Step06 拼接完成后，点击“确认”按钮✓，预览拼接的照片，效果如图 17-32 所示。

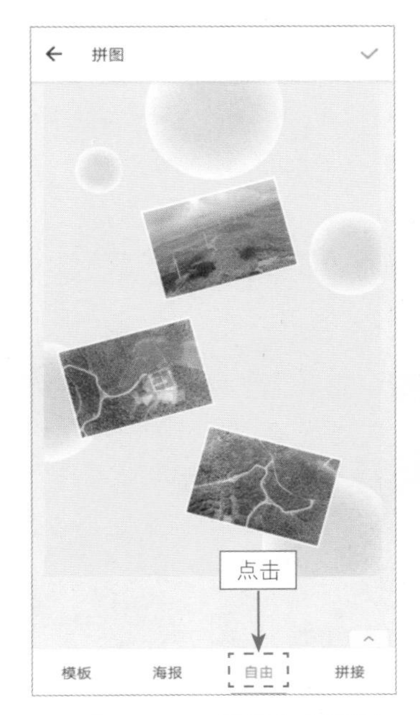

▲ 图 17-30 进行自由拼图

▲ 图 17-31 拼接长图片

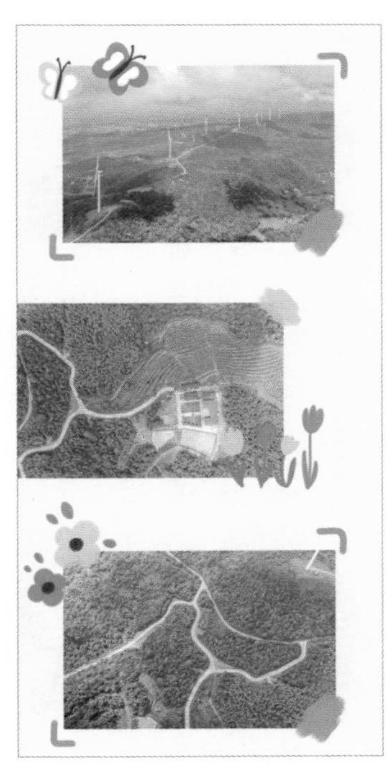

▲ 图 17-32 预览拼接的照片效果

第18章

使用剪映处理航拍视频

学前提示

剪映 App 是目前比较流行的一款视频剪辑小软件，能让你轻松地制作出高品质的视频作品。剪映 App 直接将强大的编辑器呈现在用户面前，导入、剪辑、变速以及倒放是视频素材的基本处理技巧，熟练掌握这些视频的剪辑方法，可以随心制作出理想的视频效果。

实例 155　对视频进行剪辑处理

剪辑视频是指将视频剪辑成许多小段，这样便于对相应的视频画面进行单独处理，如删除、复制、移动、变速等。下面介绍剪辑视频中不需要的部分的方法。

Step 01 在“应用商店”中下载剪映 App，并安装至手机中。安装完成后打开剪映 App 界面，点击上方的“开始创作”按钮，如图 18-1 所示。

Step 02 进入手机相册，选择需要导入的视频文件，点击“添加”按钮，即可将视频导入视频轨道中，如图 18-2 所示。

Step 03 选择导入的视频文件，将时间线移至 3 秒的位置，点击“分割”按钮，即可将视频分割为两段，如图 18-3 所示。

Step 04 选择分割后的前段视频，点击下方的“删除”按钮，即可删除不需要的视频文件，如图 18-4 所示。

▲ 图 18-1　点击“开始创作”按钮

▲ 图 18-2　导入视频文件

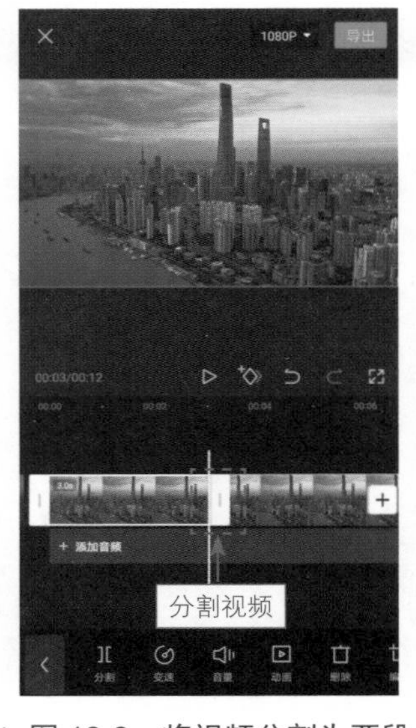

▲ 图 18-3　将视频分割为两段

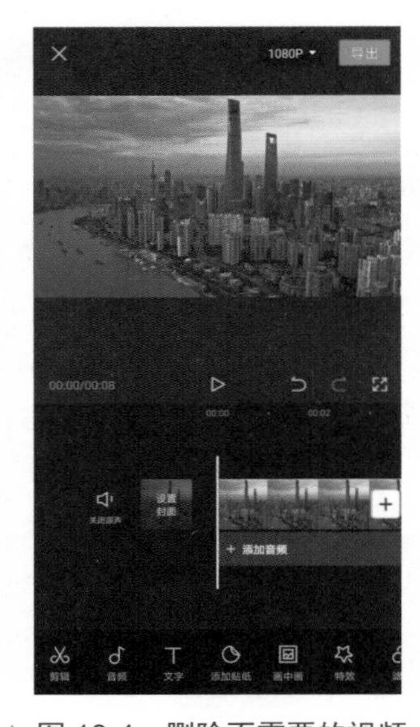

▲ 图 18-4　删除不需要的视频

☆专家提醒☆

在剪映 App 中，也可以导入多段视频，对视频统一进行剪辑、分割、合成，然后输出为一段完整的短视频。

Step 05 点击“播放”按钮，预览剪辑后的短视频画面效果，如图 18-5 所示。

▲ 图 18-5　预览剪辑后的短视频画面效果

实例 156　对视频进行变速处理

微信朋友圈和抖音等平台对于发布的视频时长有规定，视频太长，则需要对其进行变速处理，使视频进行快动作播放，压缩视频的时长。下面介绍变速处理的具体操作。

Step 01 打开剪映 App 界面，导入一段视频素材，如图 18-6 所示。

Step 02 选择视频素材，在下方点击“变速”按钮，如图 18-7 所示。

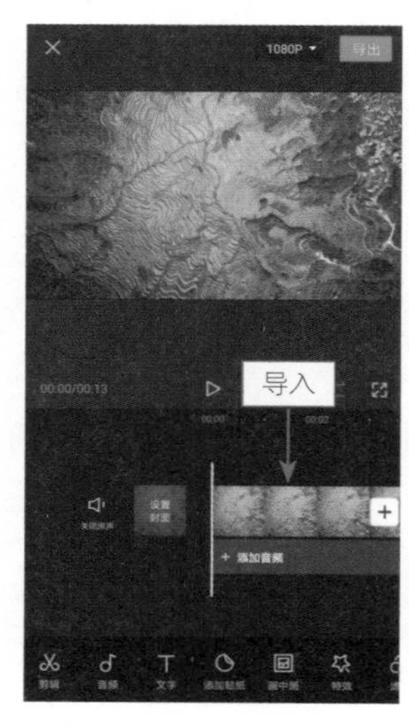

▲ 图 18-6　导入视频素材

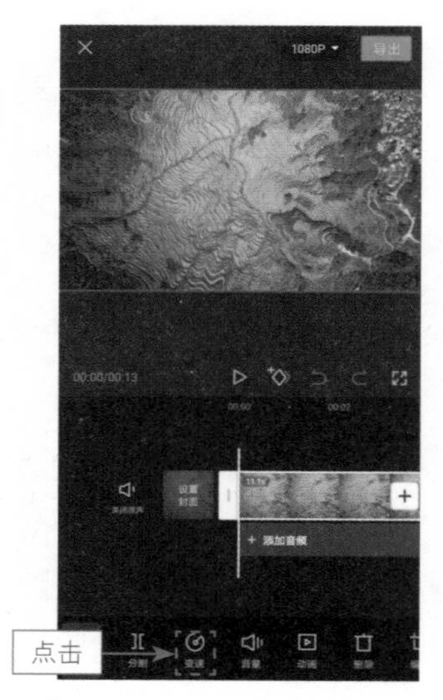

▲ 图 18-7　点击“变速”按钮

Step 03 弹出相应的功能按钮，点击“常规变速”按钮，如图 18-8 所示。

Step 04 弹出变速控制条，默认情况下是 1×，向右滑动红色圆圈滑块，设置参数为 4.0×，此时轨道中的素材区间变短了，从原来的 13 秒视频时长变成了 4 秒的视频时长，如图 18-9 所示，表示视频将以快速度进行播放。

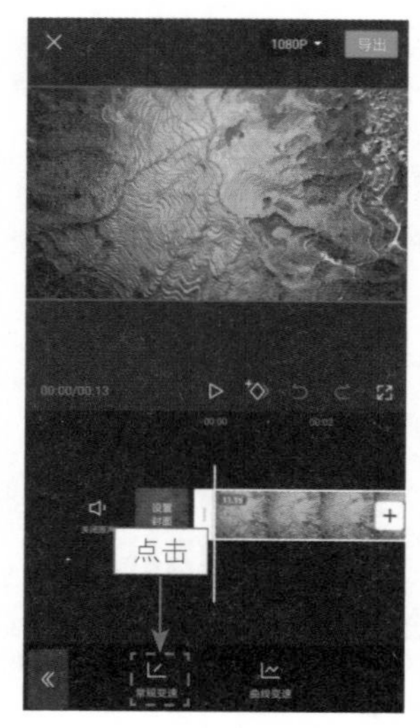

▲ 图 18-8　点击“常规变速”按钮

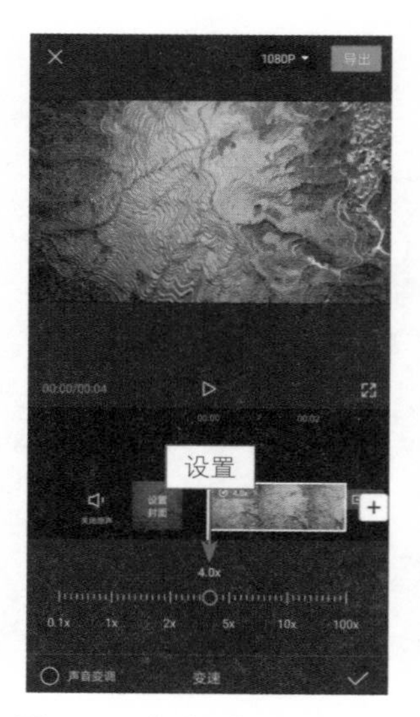

▲ 图 18-9　视频时长压缩为 4 秒

Step 05 单击“播放”按钮▷，预览变速后的视频效果，如图 18-10 所示。

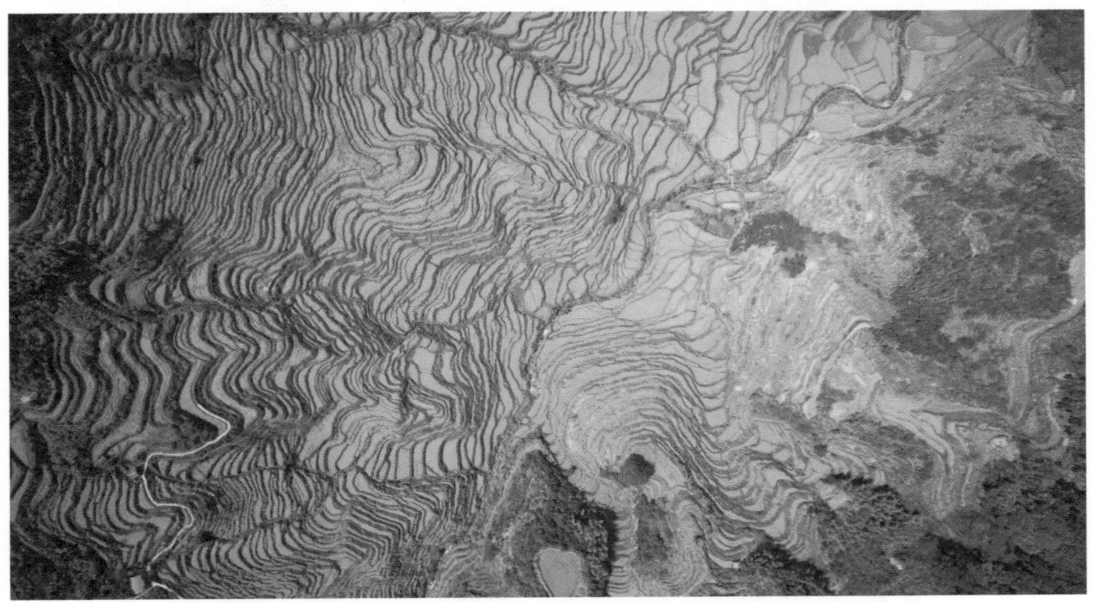

▲ 图 18-10　预览变速处理后的视频效果

实例 157　对视频进行倒放处理

如果想对视频内容的播放顺序进行调整，可以使用剪映 App 中的“倒放”功能。下面介绍对视频画面进行倒放处理的操作方法。

Step 01 导入一段视频，点击“倒放”按钮，如图 18-11 所示。

Step 02 执行操作后，界面中提示正在进行倒放处理，如图 18-12 所示。

Step 03 稍等片刻，即可对视频进行倒放操作，此时预览窗口中的第 1 秒视频画面已经变成了之前的最后 1 秒，如图 18-13 所示。

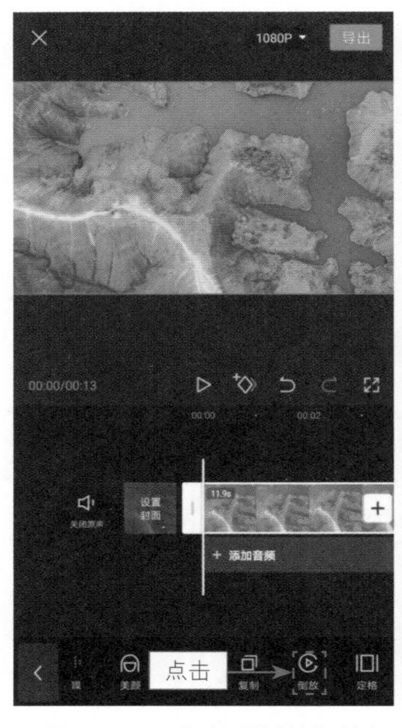

▲ 图 18-11　点击“倒放”按钮

▲ 图 18-12　进行倒放处理

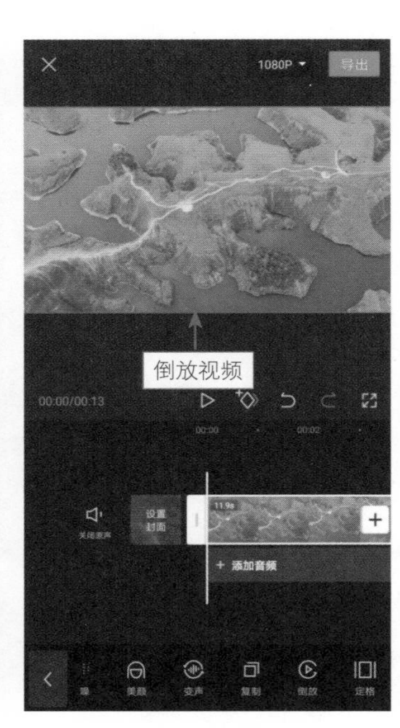

▲ 图 18-13　倒放的效果

Step 04 点击“播放”按钮，预览进行倒放处理后的视频效果，如图 18-14 所示。

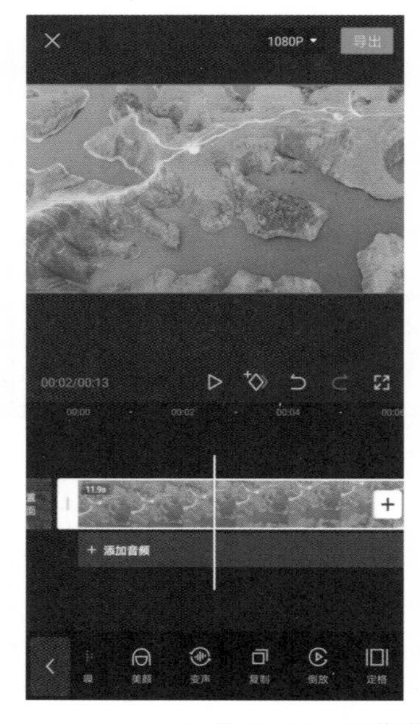

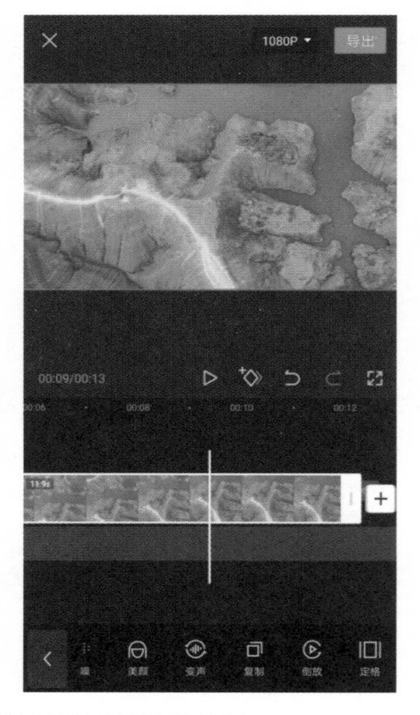

▲ 图 18-14　预览进行倒放处理后的视频效果

实例 158 调整视频色彩与色调

用手机录制视频画面时，如果画面的色彩没有达到我们的要求，此时可以通过剪映 App 中的调色功能对视频画面的色彩进行调整，下面介绍具体的操作。

Step01 导入一段视频素材，点击“调节”按钮，进入“调节”界面，设置“亮度”为 14，如图 18-15 所示。

Step02 设置“对比度”为 15，使视频更加有层次，如图 18-16 所示。

▲ 图 18-15 设置“亮度”参数

▲ 图 18-16 设置“对比度”参数

Step03 设置“饱和度”为 35，增强视频的色彩，如图 18-17 所示。

Step04 设置“色温”为 -23，使视频呈冷色调效果，如图 18-18 所示。

▲ 图 18-17 设置“饱和度”参数

▲ 图 18-18 设置“色温”参数

Step 05 向右拖曳调节轨道右侧的控制柄，调整其持续时间与视频轨道一致，单击“播放”按钮▷，预览视频效果，如图 18-19 所示。

▲ 图 18-19　预览调整视频色彩后的画面效果

实例 159　为视频添加酷炫特效

在视频画面中添加酷炫的特效，可以使短视频更具吸引力。下面介绍使用剪映 App 为短视频添加特效的操作方法。

Step01 导入一段视频素材，点击底部的“特效”按钮，如图 18-20 所示。

Step02 进入特效编辑界面，在“基础”特效列表框中选择“开幕”效果，此时在上方预览窗口中可以查看视频应用“开幕”特效的效果，如图 18-21 所示。

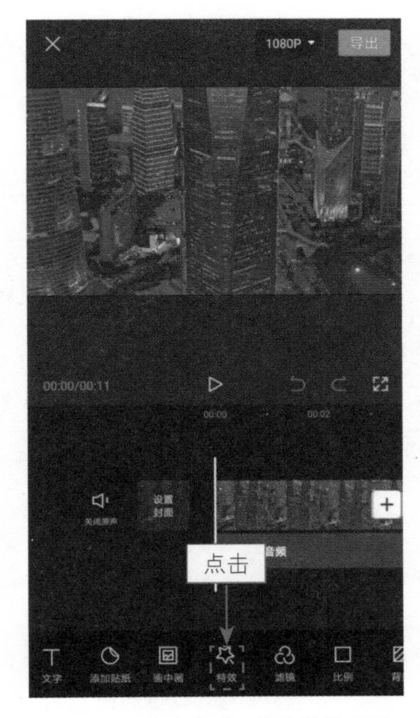

▲ 图 18-20 点击“特效”按钮

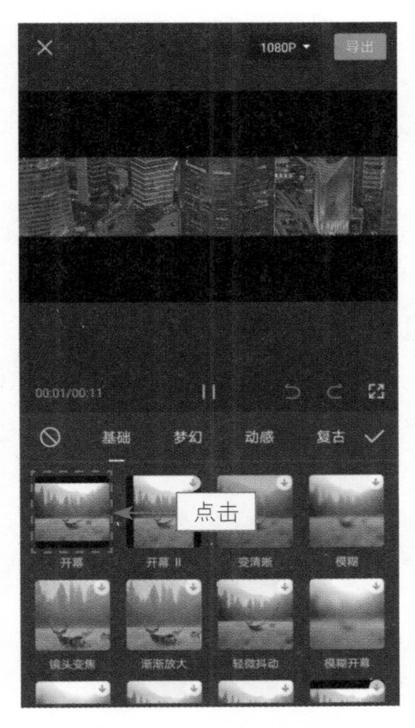

▲ 图 18-21 选择“开幕”效果

Step03 在“梦幻”特效列表框中，选择“梦幻雪花”效果，如图 18-22 所示。

Step04 即可添加“梦幻雪花”特效，向右拖曳特效轨道右侧的控制柄，调整其持续时间与视频轨道一致，如图 18-23 所示。

▲ 图 18-22 选择相应特效

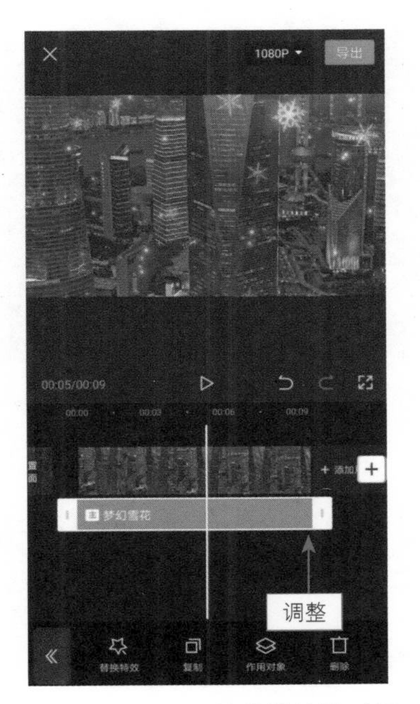

▲ 图 18-23 调整特效持续时间

Step 05 点击右上角的“导出”按钮，即可导出视频预览特效，如图 18-24 所示。

▲ 图 18-24　导出并预览视频

实例 160　制作视频的字幕效果

我们在刷短视频的时候，经常会看到很多短视频中都添加了字幕效果，或用于歌词，或用于语音解说，让观众在短短几秒钟内就能看懂更多视频内容，同时这些文字还有助于观众记住发布者要表达的信息，吸引他们点赞和关注。下面介绍制作视频字幕效果的方法。

Step01 导入一段视频素材，点击“文字”按钮，如图 18-25 所示。

Step02 进入文字编辑界面，点击“新建文本”按钮，如图 18-26 所示。

▲ 图 18-25　点击“文字”按钮

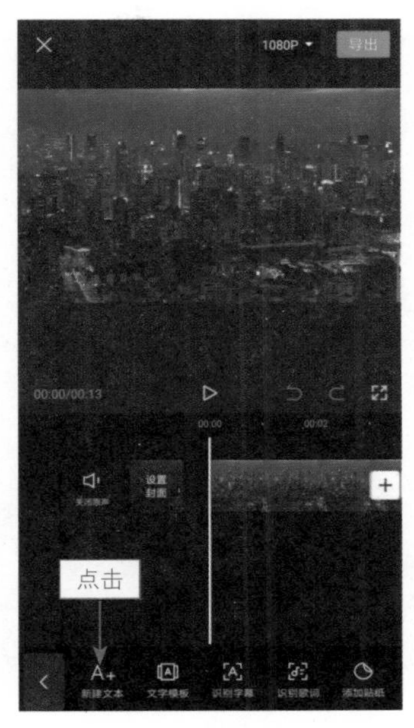

图 18-26　点击“新建文本”按钮

Step03 在文本框中输入符合短视频主题的文字内容，如图 18-27 所示。

Step04 切换至“花字”选项卡，选择相应的花字样式，效果如图 18-28 所示。

Step05 切换至“动画”菜单，在“入场动画”选项卡中选择“螺旋上升”动画效果，并调整动画的持续时间，如图 18-29 所示。

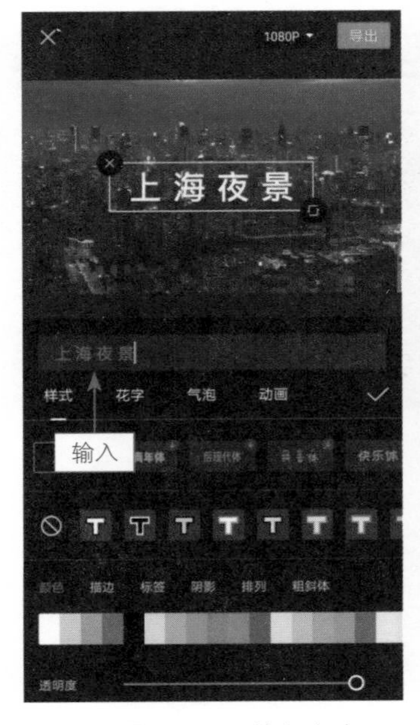

▲ 图 18-27　输入文字

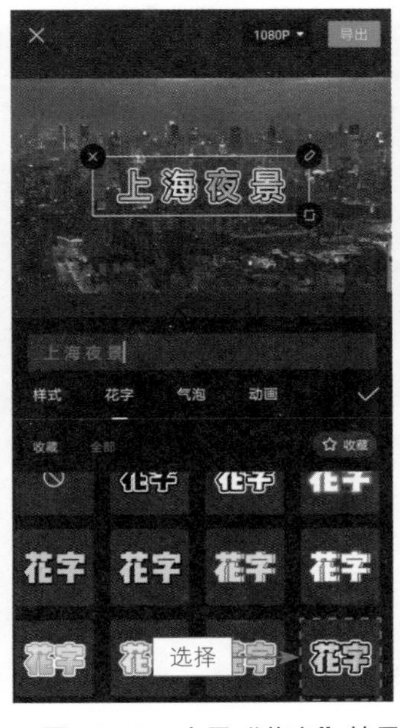

▲ 图 18-28　应用“花字”效果

▲ 图 18-29　应用动画效果

Step 06 点击“导出”按钮，导出视频并预览视频效果，如图 18-30 所示。

▲ 图 18-30　预览视频效果

实例 161　添加抖音热门背景音乐

在剪映 App 中，还可以为视频添加抖音中一些比较热门的歌曲作为背景音乐，使制作的视频更受观众的喜爱。下面介绍使用剪映 App 为视频添加背景音乐的操作方法。

Step 01 导入一段视频素材，点击“添加音频”按钮，如图 18-31 所示。

Step 02 进入音频编辑界面，点击“音乐”按钮，如图 18-32 所示。

▲ 图 18-31　点击“添加音频”按钮

▲ 图 18-32　点击“音乐”按钮

Step 03 进入“添加音乐”界面，点击“抖音”图标，进入“抖音”界面，点击要添加的歌曲名，即可进行播放，点击右侧的“使用”按钮，如图 18-33 所示。

Step 04 执行操作后，即可为视频添加抖音中热门的歌曲作为背景音乐，如图 18-34 所示。

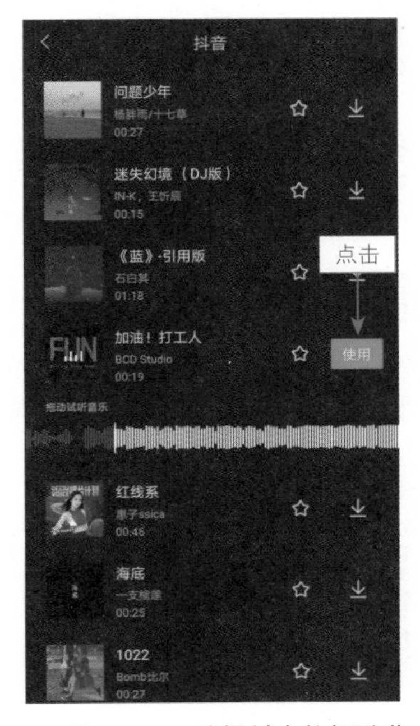

▲ 图 18-33　选择抖音热门歌曲

▲ 图 18-34　添加歌曲作为背景音乐

Step 05 拖曳时间轴，将其移至视频的结尾处，如图 18-35 所示。

Step 06 选择音频轨道，点击“分割”按钮，即可分割音频，如图 18-36 所示。

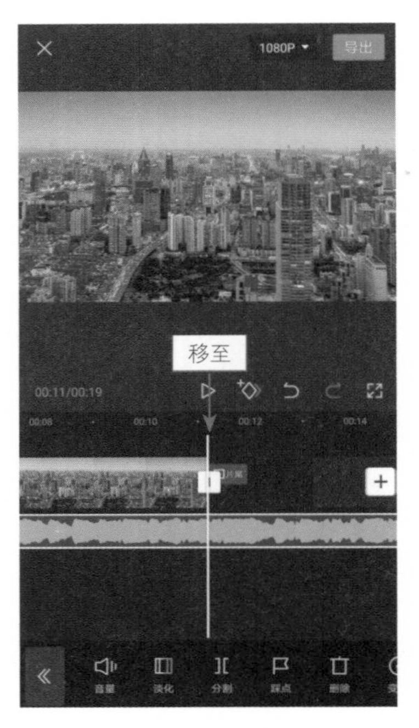

▲ 图 18-35　将时间轴移至视频结尾

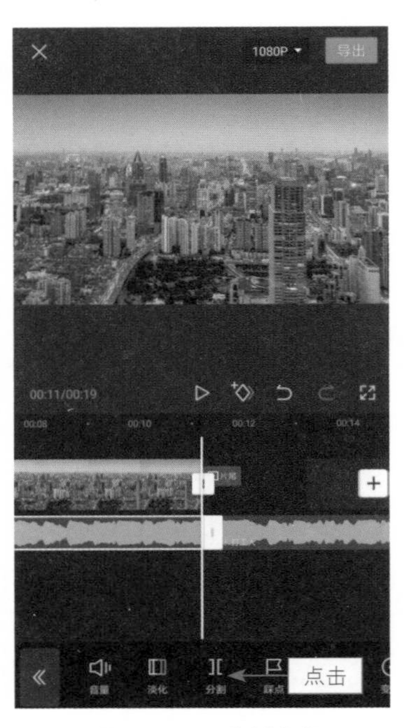

▲ 图 18-36　分割音频

Step 07 选择第 2 段音频，点击“删除”按钮，删除多余音频，如图 18-37 所示。

Step 08 点击“播放”按钮，试听背景音乐效果，如图 18-38 所示。

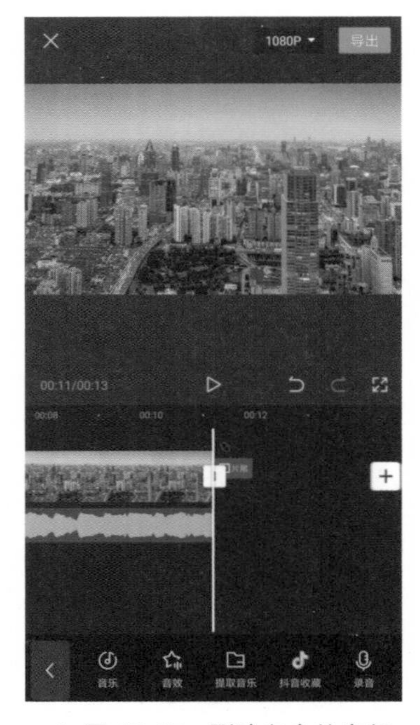

▲ 图 18-37　删除多余的音频

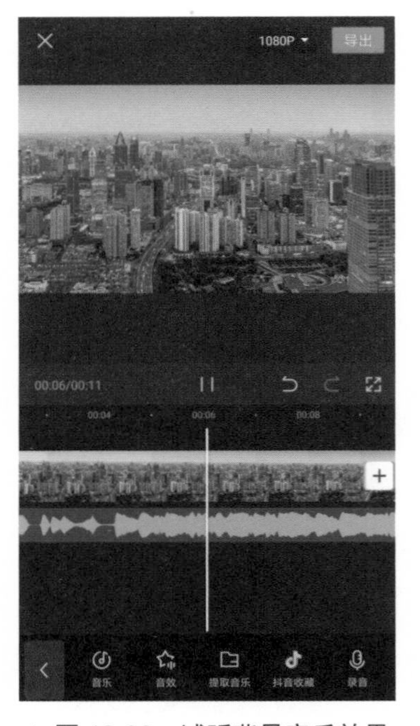

▲ 图 18-38　试听背景音乐效果

第 19 章

使用 Photoshop 精修照片

学前提示

想要航拍的摄影作品更加优秀，不仅要有好的构图、丰富的色彩及合理的画面空间感，还需要对航拍的照片进行必要的后期修饰与美化。使用 Photoshop 可以对航拍的照片进行后期处理，修正照片的瑕疵，为照片添加特效等，本章就来介绍使用 Photoshop 精修照片的方法，熟练掌握相关内容，能使你的作品更加出彩。

实例 162　对照片进行裁剪操作

在 Photoshop 中，使用裁剪工具可以对照片进行裁剪，重新定义画布的大小，由此重新定义整张照片的构图。下面详细介绍裁剪、翻转照片的操作方法。

Step01 执行“文件”>“打开”命令，打开一幅素材图像，如图 19-1 所示。

▲ 图 19-1　打开一幅素材图像

Step02 在工具箱中选取裁剪工具，如图 19-2 所示。

Step03 此时照片边缘会显示一个变换控制框，将光标移到变换控制框上，当光标变为形状时，拖曳鼠标调整裁剪区域大小，确定需要剪裁的区域，如图 19-3 所示。

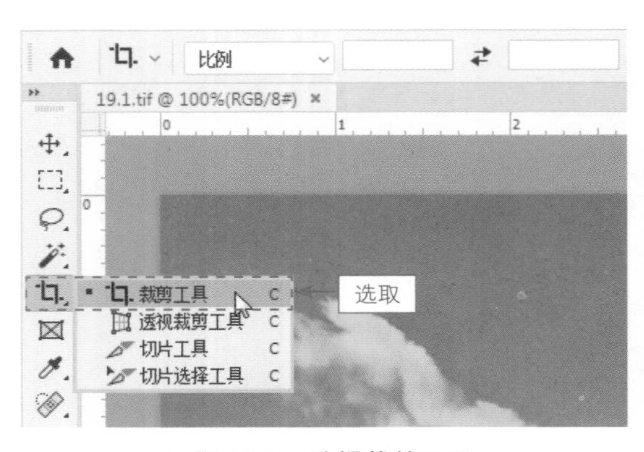

▲ 图 19-2　选择裁剪工具

▲ 图 19-3　确定需要剪裁的区域

Step04 按下 Enter 键确认，即可完成照片的裁剪，效果如图 19-4 所示。

Step05 执行“图像”>“图像旋转”>“水平翻转画布”命令，对照片进行水平翻转，效果如图 19-5 所示。

▲ 图 19-4　完成照片的裁剪

▲ 图 19-5　对照片进行水平翻转

实例 163　调整亮度、对比度与饱和度

由于天气或光线问题，有时候航拍出来的照片画面较暗，色彩也不够鲜艳，此时需要调整照片的亮度和对比度，并加强饱和度来调整照片的整体色彩，具体操作如下。

Step 01 执行“文件”>“打开”命令，打开一幅素材图像，如图 19-6 所示。

▲ 图 19-6　打开一幅素材图像

Step 02 在菜单栏中执行“图像”>“调整”>“亮度 / 对比度”命令，弹出“亮度 / 对比度”命令，设置“亮度”为 100，单击“确定”按钮，即可提亮画面，效果如图 19-7 所示。

▲ 图 19-7　提亮画面的效果

Step 03 执行“图像”>“调整”>“自然饱和度”命令，弹出“自然饱和度”对话框，设置“自然饱和度”为 80、“饱和度”为 30，单击“确定”按钮，即可调整照片的饱和度，加强照片的视觉色彩，效果如图 19-8 所示。

▲ 图 19-8　加强照片视觉色彩的效果

实例 164　使用曲线功能调整照片色调

“曲线”命令是功能强大的图像校正命令，该命令可以在图像的整个色调范围内调整不同的色调，还可以对图像中的个别颜色通道进行精确的调整。

Step01 按下 Ctrl ＋ O 组合键，打开一幅素材图像，如图 19-9 所示。

▲ 图 19-9　打开一幅素材图像

Step02 按下 Ctrl ＋ J 组合键，拷贝“背景”图层，命名为“图层 1”图层；单击“图层”面板底部的“创建新的填充或调整图层”按钮，在弹出的列表中选择“曲线”选项，新建“曲线 1”调整图层，如图 19-10 所示。

Step03 在“属性”面板中的曲线上添加两个控制点，设置相应的参数，调整照片的亮度色彩，如图 19-11 所示。

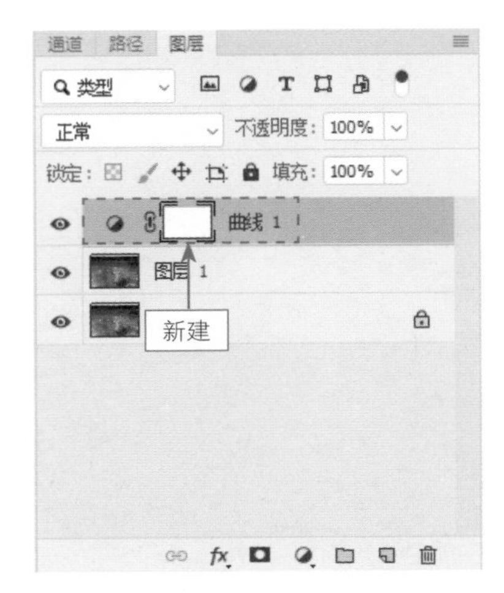

▲ 图 19-10　新建“曲线 1”调整图层

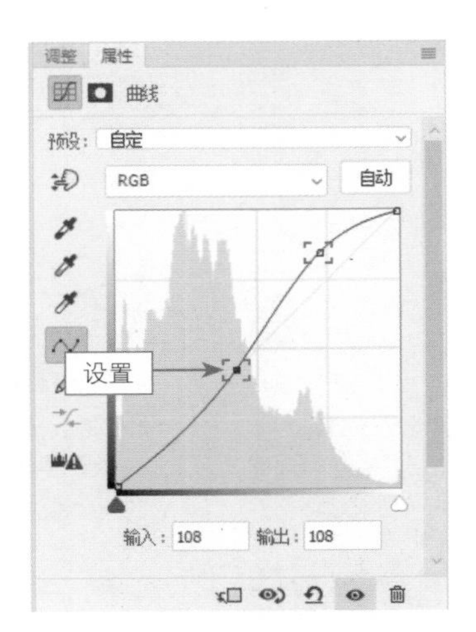

▲ 图 19-11　通过曲线调整照片

Step 04 预览使用曲线功能调整照片后的效果，如图 19-12 所示。

▲ 图 19-12　通过曲线调整照片的效果

实例 165　调整照片的色彩与层次感

下面是一张航拍的海边风光照片，原照片的画面灰暗，色彩感不强，层次也不够明朗，下面介绍使用几个常用命令调整照片，展现层次分明的海边风光美景，具体操作如下。

Step 01 执行“文件”>“打开”命令，打开一幅素材图像，如图 19-13 所示。

▲ 图 19-13　打开一幅素材图像

Step 02 按下 Ctrl ＋ J 组合键，复制图层，并命名为“图层 1”图层；然后新建“亮度 / 对比度 1”调整图层，设置“亮度”为 10、“对比度”为 40，效果如图 19-14 所示。

▲ 图 19-14　设置亮度 / 对比度

Step 03 新建“色阶 1”调整图层，设置黑、灰、白 3 个滑块的参数依次为 20、1.2、255，效果如图 19-15 所示。

▲ 图 19-15　调整色阶

Step 04 新建“自然饱和度 1”调整图层，设置“自然饱和度”为 50、“饱和度”为 40，效果如图 19-16 所示。

▲ 图 19-16 调整自然饱和度

Step 05 新建“色彩平衡 1”调整图层，设置“色调”为“中间调”，设置相应的参数依次为 -11、-4、38，调整照片的色彩与层次感，调整后最终效果如图 19-17 所示。

▲ 图 19-17 调整照片色彩与层次感的最终效果

实例 166　使用 ACR 调整照片的颜色

ACR 的全称是 Adobe Camera Raw，专门用于调整照片的色彩与影调风格。下面介绍在 ACR 中调整照片色彩与质感的操作方法。

Step01 执行“文件”>“打开”命令，打开一幅素材图像，如图 19-18 所示。

▲ 图 19-18　打开一幅素材图像

Step02 按下 Shift + Ctrl + A 组合键，打开 Camera Raw 窗口，在“基本”面板中设置“色温”为 -10、“曝光”为 0.95、“对比度”为 24、“高光”为 -10、“阴影”为 17、“白色”为 22、“自然饱和度”为 36、“饱和度”为 12，如图 19-19 所示，调整照片的颜色与质感。

▲ 图 19-19　设置各参数

Step 03 设置完成后单击“确定”按钮，调整照片效果，如图 19-20 所示。

▲ 图 19-20 改变画面颜色和质感的效果

实例 167 去除照片中的杂物或水印

在 Photoshop 中，使用污点修复画面工具可以快速去除照片中的污点与杂物，还可以轻松去除照片上的水印，修复后的照片画面更加干净。下面介绍去除照片污点的操作。

Step 01 执行“文件”>“打开”命令，打开一幅素材图像，如图 19-21 所示。

▲ 图 19-21 打开一幅素材图像

Step 02 在工具箱中选取污点修复画笔工具，在需要修复的图像区域按住鼠标左键拖曳进行涂抹，如图 19-22 所示。

▲ 图 19-22　按住鼠标左键拖曳涂抹

Step 03 释放鼠标左键后，即可对涂抹的区域进行修复。按照相同的方法对照片中的其他部分进行涂抹修复，清除江面上的其他杂点，最终效果如图 19-23 所示。

▲ 图 19-23　去除杂点的最终效果

实例 168　给照片四周添加暗角效果

为航拍的风景照片添加暗角艺术特效，可以使画面更加立体，还能使画面中的主体更加突出，下面介绍为照片添加暗角特效的操作方法。

Step01 执行“文件”>“打开”命令，打开一幅素材图像，如图 19-24 所示。

▲ 图 19-24　打开一幅素材图像

Step02 按下 Shift ＋ Ctrl ＋ A 组合键，打开 Camera Raw 窗口，展开“光学”面板，在其中设置“晕影”为 -100、“中点”为 27，如图 19-25 所示。

▲ 图 19-25　设置相应参数

Step03 执行上述操作后，即可给照片添加暗角效果，使画面中的主体更加突出，效果如图 19-26 所示。

▲ 图 19-26　为照片添加暗角的效果

使用 Premiere 剪辑视频

学前提示

Premiere Pro CC 是一款具有强大编辑功能的视频编辑软件，其简单的操作步骤、简明的操作界面、多样化的效果深受广大用户的青睐。本章主要介绍使用 Premiere Pro CC 软件剪辑、编辑与处理视频的操作方法，希望通过本章的学习，大多能够熟练掌握电脑剪辑视频的核心技巧，制作出专业的电影级视频画面。

实例 169　剪辑多个视频片段

在 Premiere Pro CC 软件中，使用剃刀工具可以剪切一段选中的素材文件，将其分成两段或几段独立的素材片段，然后删除不需要的片段，剩下的视频会自动进行画面合成。下面介绍将视频剪辑成多段，然后再合成视频的具体操作。

Step 01 启动 Premiere Pro CC 软件，新建一个项目文件，在菜单栏中执行“文件”>“新建”>“序列”命令，弹出“新建序列”对话框，进入“设置”选项卡，❶在其中设置相关选项，❷单击“确定”按钮，如图 20-1 所示。

Step 02 即可新建一个空白的序列文件，显示在“项目”面板中。在“项目”面板中的空白位置单击鼠标右键，在弹出的快捷菜单中选择“导入”选项，如图 20-2 所示。

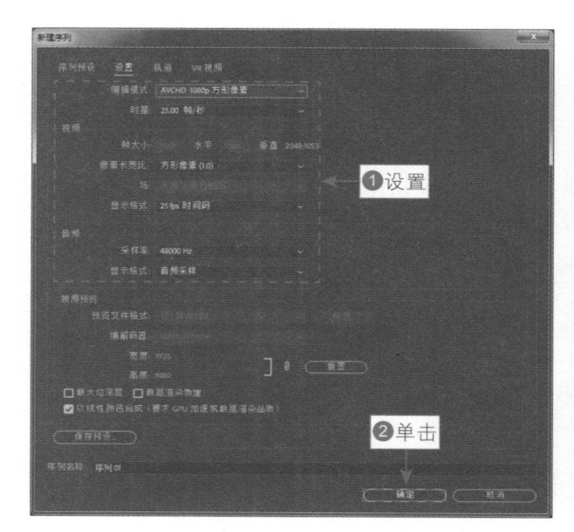

▲ 图 20-1　设置新建序列相关选项

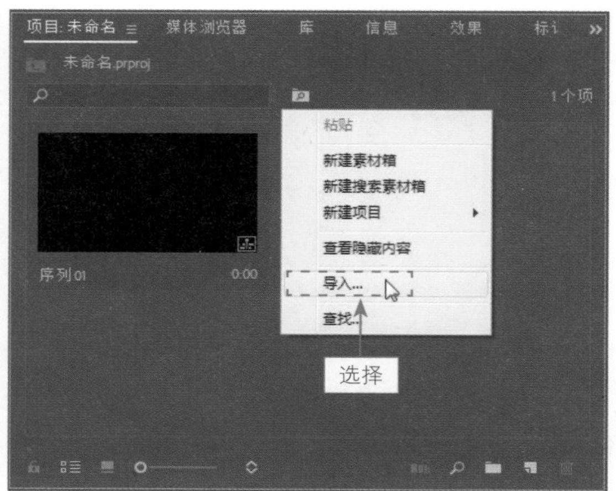

▲ 图 20-2　选择“导入”选项

Step 03 弹出“导入”对话框，❶选择视频文件，❷单击“打开”按钮，如图 20-3 所示。

Step 04 即可将视频文件导入“项目”面板中，显示视频缩略图，如图 20-4 所示。

▲ 图 20-3　选择需要导入的视频文件

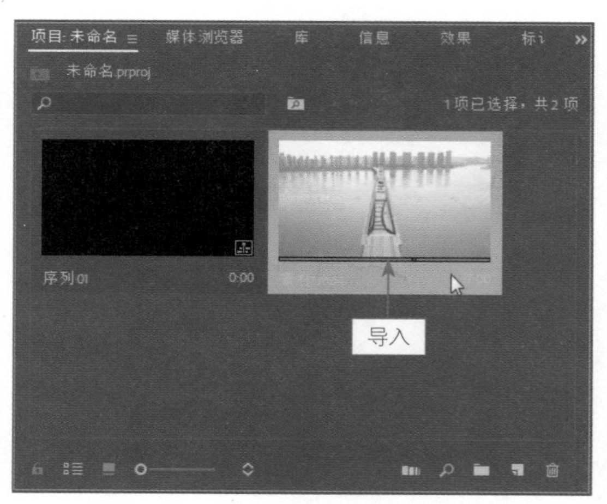

▲ 图 20-4　将文件导入“项目”面板

Step 05 在“项目”面板中选择“素材 1”视频文件，将其拖曳至 V1 视频轨中，即可添加视频文件。在工具面板中选取剃刀工具，将光标移至视频素材中需要剪辑的位置，单击鼠标左键，即可将视频素材剪辑成两段，如图 20-5 所示。

Step 06 选择要删除的前一段视频片段，按下 Delete 键，删除视频片段，留下剪辑后的视频素材，如图 20-6 所示。

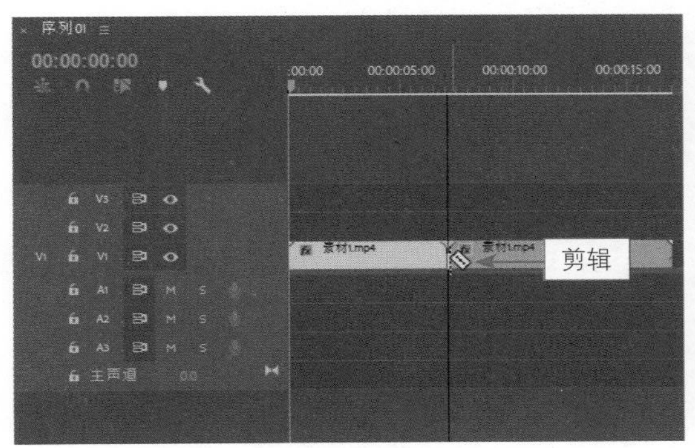

▲ 图 20-5　将视频素材剪辑成两段

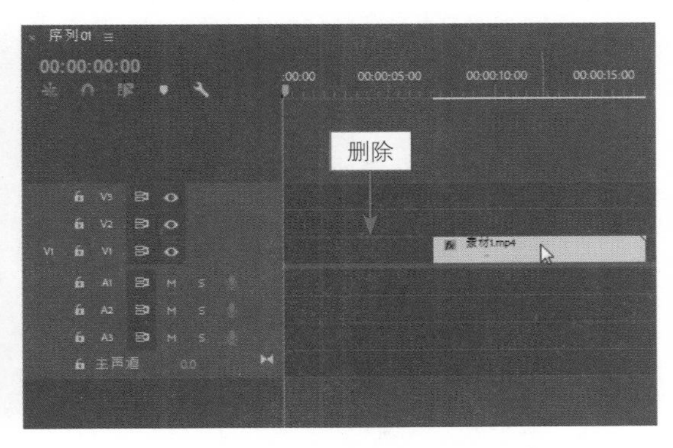

▲ 图 20-6　删除不需要的视频片段

Step 07 将视频素材移至轨道的开始位置，单击“播放”按钮，预览剪辑完成后的视频画面效果，如图 20-7 所示。

▲ 图 20-7　预览剪辑完成后的视频画面效果

实例 170　调整视频的播放速度

在 Premiere Pro CC 软件中，可以通过调节视频的播放速度制作出指定时长的视频，下面介绍调节视频播放速度的操作方法。

Step 01 在 V1 视频轨中，选择需要调节播放速度的视频文件，如图 20-8 所示。

Step 02 在视频文件上单击鼠标右键，在弹出的快捷菜单中选择“速度 / 持续时间”选项，如图 20-9 所示。

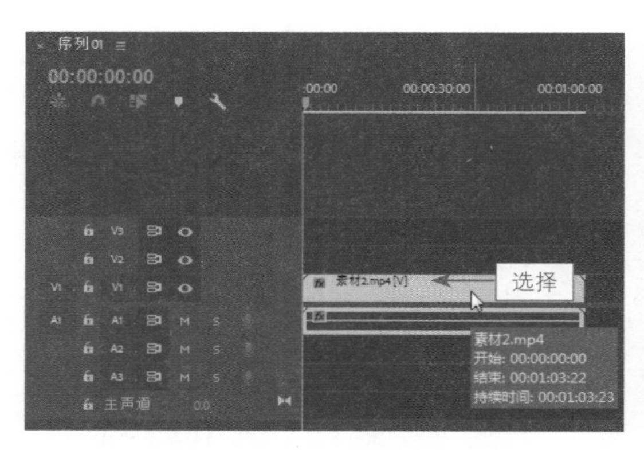

▲ 图 20-8 选择视频文件

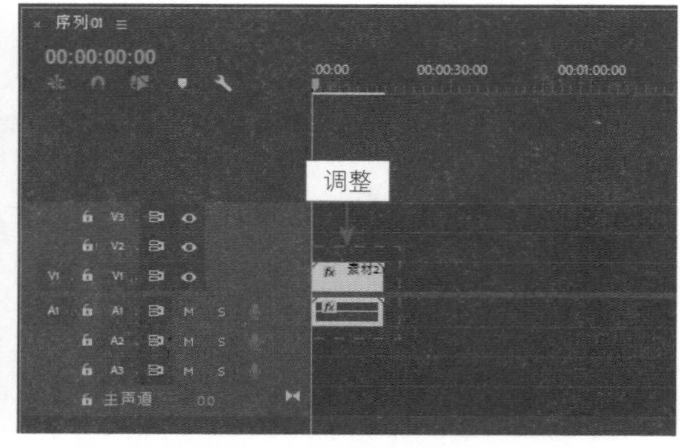

▲ 图 20-9 选择“速度 / 持续时间”选项

Step 03 弹出“剪辑速度 / 持续时间”对话框，❶在其中设置“速度”为 400%，❷单击“确定”按钮，如图 20-10 所示。

Step 04 执行操作后，即可调整视频的播放速度，如图 20-11 所示。

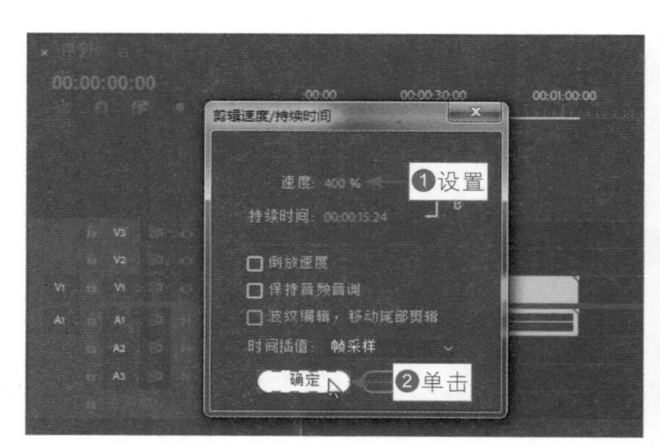

▲ 图 20-10 设置“速度”参数

▲ 图 20-11 调整视频的播放速度

Step 05 在“节目”面板中单击“播放”按钮，预览调整后的视频效果，如图 20-12 所示。

▲ 图 20-12 预览调整后的视频效果

实例 171　调节视频的色彩色调

在 Premiere Pro CC 中编辑视频时，往往需要对视频素材的色彩与色调进行调整，下面介绍具体的操作方法。

Step 01 在 V1 视频轨中，选择需要调整颜色的视频素材，单击界面上方的“颜色”标签，进入“颜色”界面，如图 20-13 所示。

▲ 图 20-13　进入“颜色”界面

Step 02 在界面右侧设置各参数，调整视频画面的色彩色调，如图 20-14 所示。

▲ 图 20-14　调整视频画面的色彩色调

Step 03 设置完成后单击“播放”按钮，预览视频效果，如图 20-15 所示。

▲ 图 20-15　预览调整色彩色调后视频的效果

实例 172　制作视频的运动效果

在 Premiere Pro CC 软件中，可以给视频画面添加运动效果，如左右运动、上下运动以及缩放运动等，使视频画面更加吸引观众的眼球。下面介绍制作视频运动效果的具体操作。

Step01 在 V1 视频轨中，选择需要制作运动效果的视频文件，单击“播放”按钮，预览视频画面效果，这是一段固定机位的延时视频，如图 20-16 所示。

▲ 图 20-16　播放固定机位的延时视频

Step02 在“效果控件”面板中，依次单击“位置”和“缩放”选项前的“切换动画”按钮，添加第一组关键帧，如图 20-17 所示。

Step03 将时间线移至 00:00:19:20 的位置处，修改“缩放”和“位置”参数，此时系统自动在时间线位置添加第二组关键帧，如图 20-18 所示。

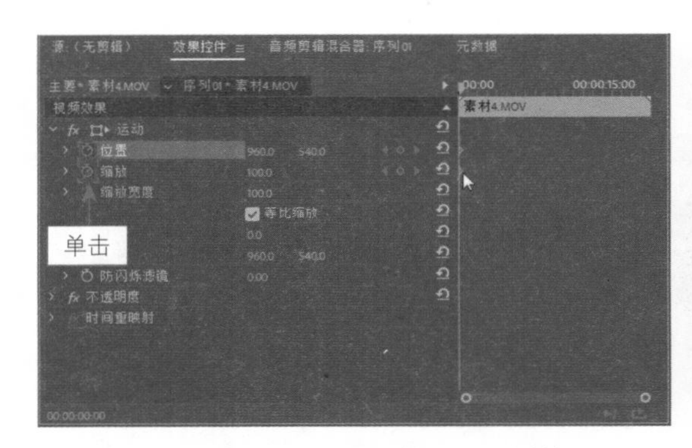

▲ 图 20-17　添加第一组关键帧

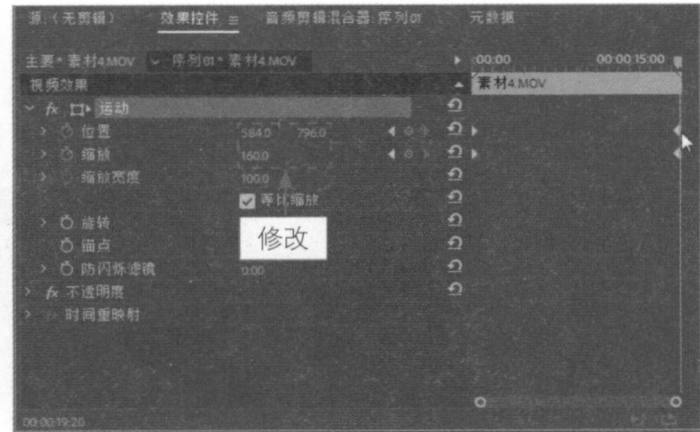

▲ 图 20-18　添加第二组关键帧

Step 04 单击“播放”按钮，预览制作的视频运动效果，如图 20-19 所示。

▲ 图 20-19　预览制作的视频运动效果

实例 173　为视频添加水印效果

给视频添加水印是为了保护版权，防止素材被互联网中的其他人盗用。下面介绍添加水印的具体操作。

Step01 在“项目”面板中导入水印素材，如图 6-20 所示。

Step02 将水印素材拖曳至时间轴面板的 V2 轨道中，移动光标至水印素材的结尾处，鼠标指针呈相应形状，按住鼠标左键并向右拖曳，即可调整水印素材的区间长度，使其与 V1 轨道中的视频长度对齐，如图 6-21 所示。

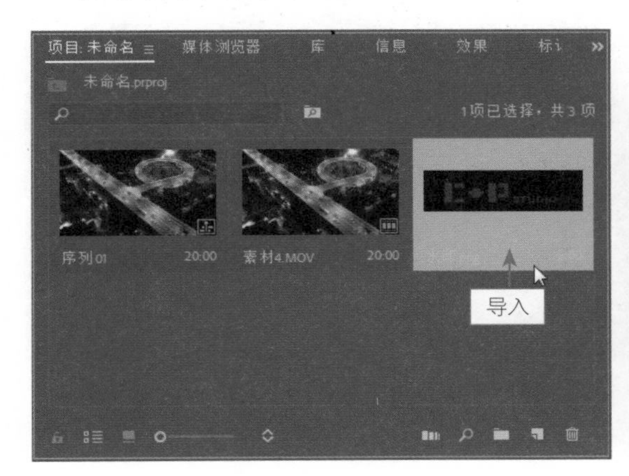

▲ 图 20-20　导入水印素材

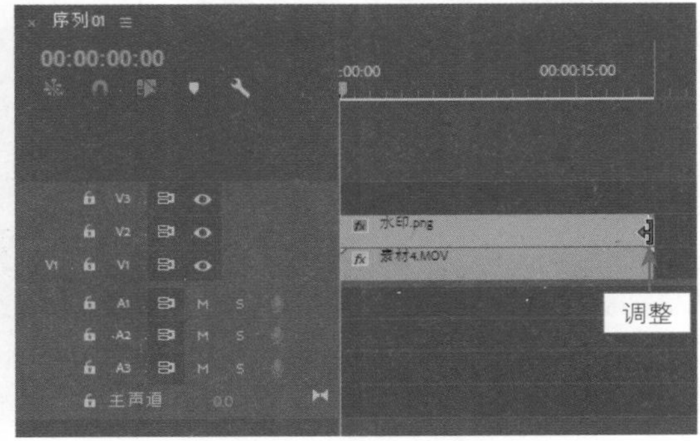

▲ 图 20-21　调整素材的区间长度

Step03 在节目监视器中可以查看水印的效果，水印在画面的正中央位置，如图 6-22 所示。

Step04 在节目监视器中选择水印素材，然后拖曳水印素材至画面中的合适位置，如图 6-23 所示。

▲ 图 20-22　查看水印的效果

▲ 图 20-23　调整水印素材的位置

☆专家提醒☆

在节目监视器中调整水印素材大小的时候，按住 Shift 键的同时拖曳素材四周的控制柄，可以等比例缩放素材的大小。

Step05 单击“播放”按钮，预览添加水印后的视频画面效果，如图 20-24 所示。

▲ 图 20-24　预览添加水印后的视频画面效果

实例 174　为视频添加标题字幕

在视频画面中，字幕是不可缺少的一个重要组成部分，具有解释画面、补充视频内容的作用，有画龙点睛之效。下面介绍为视频添加字幕效果的操作方法。

Step01 在工具面板中选取文字工具，在“节目”面板中单击鼠标左键定位光标位置，然后输入文字“风起云涌”，如图 20-25 所示。

Step02 通过拖曳的方式选择输入的文字内容，在“效果控件”面板中设置文本的字体、填充、描边以及阴影效果，如图 20-26 所示。

▲ 图 20-25　输入文字内容

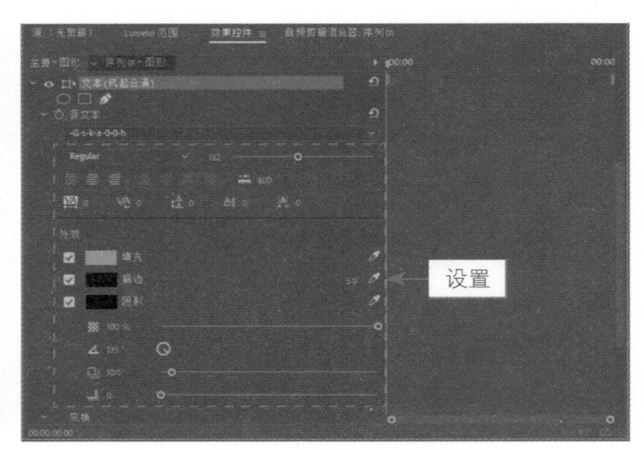

▲ 图 20-26　设置文本的字体属性

Step 03 执行操作后，即可更改字体属性，在“节目”面板中可以查看制作好的标题字幕效果，如图 20-27 所示。

▲ 图 20-27　查看制作好的标题字幕效果

实例 175　为视频添加背景音乐

视频作品中音频和视频同样重要，音频质量的好坏直接影响到视频作品的质量。在

Premiere Pro CC 中，为视频添加音频也很简单，下面介绍具体的操作。

Step 01 在“项目”面板中导入一段背景音乐素材，如图 20-28 所示。

Step 02 将导入的音频素材拖曳至“序列”面板的 A1 轨道中，如图 20-42 所示。

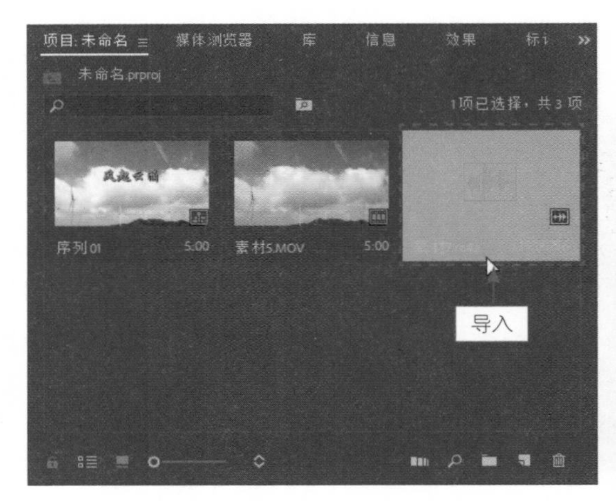

▲ 图 20-28　导入一段音乐素材

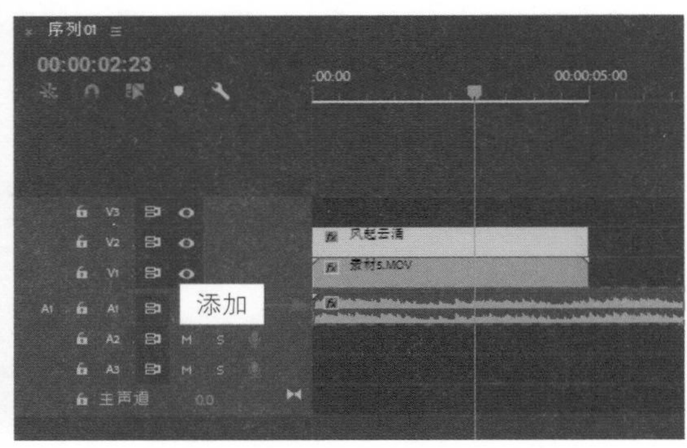

▲ 图 20-29　添加音频素材

Step 03 使用剃刀工具将音频素材剪辑成两段，沿着视频素材的结尾处开始剪辑、分割，如图 20-30 所示。

Step 04 选择后面一段音频素材，按下 Delete 键将其删除，即完成音频的添加与剪辑操作，如图 20-31 所示。

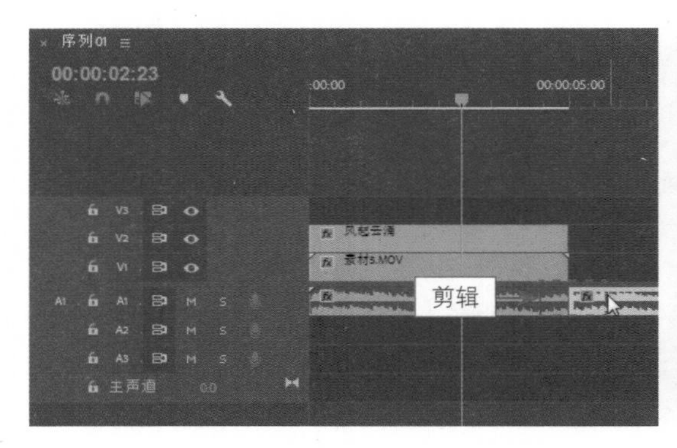

▲ 图 20-30　将音频素材剪辑成两段

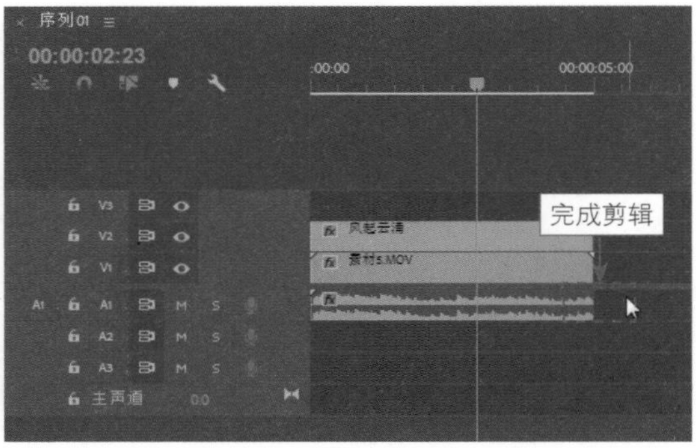

▲ 图 20-31　完成音频的添加与剪辑

Step 05 全部处理完成后，按下 Ctrl ＋ M 组合键，弹出“导出设置”对话框，在其中设置视频的输出选项，单击“导出”按钮，对视频进行渲染输出操作，待视频导出完成后，即可在相应的文件夹中找到并预览制作的视频效果。